KB068224

스크린 육아에서 벗어나는
8감 발달 놀이

일러두기

- 책에 등장하는 인명, 지명 등은 국립국어원 외래어 표기법을 따랐지만 일부 단어에 대해서는 소리 나는 대로 표기했습니다.
- 국내에 소개되지 않은 도서는 직역하여 표기했습니다.

PLAY TO PROGRESS by Allie Ticktin

All rights reserved including the right of reproduction in whole or in part in any form.
This edition published by arrangement
with TarcherPerigee, an imprint of Penguin Publishing Group,
a division of Penguin Random House LLC
This Korean translation published by arrangement
with Allie Ticktin in care of Penguin Random House LCC through ALA.

이 책의 한국어판 저작권은 ALA를 통해 TarcherPerigee, Penguin Random House와
독점 계약한 알에이치코리아㈜에 있습니다.
저작권법에 의하여 한국 내에서 보호를 받는 저작물이므로 무단 전재 및 복제를 금합니다.

스크린 육아에서
벗어나는

오감

발달

놀이

앨리 티크틴 지음 | 박다솜 옮김

RHK
알에이치코리아

감각을 잘 발달시킨다는 것

아이들은 태어난 순간부터 자신을 둘러싼 세상을 탐색하고, 여러 감각을 이용하여 자신의 몸 안에서 어떤 일이 일어나고 있는지 알아낸다. 그렇게 아이들은 차츰 자신이 어떤 환경에 처해 있는지 파악하고, 대근육과 소근육을 발달시키며 자기 자신을 이해할 능력을 키워 나간다. 본격적인 학습을 시작하기 전에 아이들이 배우는 수단은 놀이다. 놀면서 발밑의 흙이 어떤 느낌인지, 자전거를 타고 빠르게 공기를 가르는 게 어떤 느낌인지, 혀를 쭉 내밀어 얇은 아이스크림이 얼마나 차가운지 알아간다. 그러한 모든 활동이 감각 시스템을 발달시키고, 환경과 관계 맺는 데 자양분이 된다. 감각 시스템은 아이들이 세상과 상호작용할 때 발달한다. 아이들에게 세상을 경험하는 가장 의미 있는 방식은 놀이다. 놀이에는 아기를 어린이로, 나아가 자신감과 능력을 품고 꿈을 좇는 성인으로 키워내는 힘이 있다.

온종일 장갑을 낀 채 생활하는 아이는 작은 물체를 집어 들고, 크레용으로 그림을 그리고, 게임을 할 때 필요한 손과 손가락의 소근육을 발달시키는 데 어려움을 겪을 것이다. 몸으로 환경을 탐색할 기회를 얻지 못한 아이는 주변을 탐색하고 다른 사람과 교류하는 데 고충을 겪을 것이다. 실제로 여러 연구에서 생애 초기에 보육원에서 자라며 감각 자극을 충분히 받지 못한 아이들이 신체적으로나 인지적으로나 또래보다 뒤처진다는 사실을 밝혔다.

물론 이것은 극단적인 사례이지만, 감각 시스템에 충분한 밑거름이 주어지지 않은 아이가 신체적·학업적·사회적 측면에서 불리한 것은 사실이다. 나는 아이들이 놀이를 통해 살아가는 데 필요한 능력들을 갖출 수 있도록 '플레이 2 프로그레스Play 2 Progress' 센터를 세웠다. 그곳에서 치료사로 일하면서 나는 감각 자극이 부족한 아이들을 숱하게 만나 왔다. 수업 시간에 앉아 있길 힘들어하는 아이들이 있다. 체육 활동에 참여하는 것, 교실을 돌아다니는 것, 블록으로 구조물을 쌓는 것, 이름을 쓰는 것, 칠판에 적힌 내용을 노트에 옮겨 적는 것 혹은 (가장 마음 아픈 일인데) 긍정적인 자기 이미지를 가지고 친구를 사귀는 것을 어려워하는 아이들이 있다. 나쁜 소식은, 내 경험에 비추어 보건대 이런 아이들이 갈수록 늘어나고 있다는 사실이다. 근래 몇 년 동안 나는 발달을 촉진한다는 명목으로 아기를 이런 저런 기구에 태우는 부모들을 여럿 보았다. 그 기구들은 아기에게 유익하다고 홍보되지만, 실제로는 발달을 지연시킨다. 앉기와 걷기를 오히려 더 어렵게 만들기도 한다. 아기들에게 정말로 필요한 건

감각을 잘 발달시킨다는 것

어릴 적 우리에게 주어졌던 것과 다르지 않다. 터미타임^{tummy time}, 즉 움직일 기회와 근육을 발달시킬 자유가 있으면 된다.

나는 학교에서 좀처럼 집중하지 못해서 ADHD를 의심받는 아이들을 오랫동안 만나왔다. 그런데 실제로 그 아이들이 잠시도 가만히 있지 못하고 계속 돌아다니는 이유는 따로 있었다. 바로 그들에겐 의자에 앉기 위해 필요한 자세를 통제할 힘이 부족했던 것. 좋은 소식은, 만일 당신의 아이가 감각 면에서 어려움을 겪고 있다 해도 (편식하거나 높은 곳을 무서워한다 해도) 이를 극복할 수 있다는 것이다(누구나 이런 어려움쯤은 하나씩 있지 않은가). 나는 전문적 관점을 지닌 치료사로서, 감각에 대한 어려움은 개선할 수 있다고 믿는다. 나아가 감각적 어려움을 직접 극복한 당사자로서, 노력을 통해 감각을 발달시킬 수 있다고 믿는다. 감각을 발달시키는 최고의 수단은 아이들이 이미 좋아하는 '놀이'다.

인간에게는 환경 정보를 처리하고, 그 정보를 이해하고, 우리의 몸과 그 주위를 알아차리게 도와주는 8가지 감각(5개가 아니라 8개다!)이 있다. 아이가 목표물을 향해 공을 던졌지만 맞히지 못했다면, 감각 시스템은 힘을 조절하여 다음번엔 더 약하게 혹은 더 세게 던져야 한다는 피드백을 아이에게 줄 것이다. 이런 시행착오는 건강한 식단과 사랑 넘치는 가정만큼이나 아이의 성장에 꼭 필요하다.

플레이 센터를 개원하고 오래지 않아 나는 하이디라는 어린 여자아이를 만났다. 하이디의 엄마는 유치원 선생님으로부터 하이디가 처음 등원한 지 한 달이 지나도록 적응하지 못하고 친구도 사귀지 못했다는 연락을 받고, 눈물바람으로 우리를 찾아왔다. 하이디는 놀이터 가장자리를 맴돌다가 구석에 가서 다른 아이들이 노는 걸 지켜보기만 할 뿐, 한 번도 놀이에 낀 적이 없다고 했다. 나는 하이디를 만나자마자 우리 센터에 있는 감각 놀이터에 데려갔는데, 아이는 탐색을 전혀 하지 않았다. 나는 하이디에게 퍼즐을 건넸다. 그런데 퍼즐을 하려고 바닥에 앉자, 하이디가 아까와는 딴사람이 되어 내게 집에서 키우는 동물에 관해 조잘조잘 이야기를 걸기 시작하는 게 아닌가. 하이디는 발을 땅에서 떼는 것에 과민하고(이에 관해선 뒤에서 설명하겠다), 몸놀림이 약간 서투른 아이일 뿐이었다. 유치원에서 아이들과 어울려 놀지 않은 건 다른 아이들이 움직이는 속도가 자신에 비해 지나치게 빠르고, 놀이터의 구조물을 기어 올라가는 게 무서워서였다. 나를 만난 뒤 하이디는 그네 타기를 좋아하게 되었으며 이듬해에는 유치원 놀이터를 즐길 준비가 되었다.

요즘 아이들은 날이 갈수록 기계를 갖고 노는 걸 즐기고, 마케팅에 넘어간 부모들은 최첨단 기구들을 사들여 아직 이른 월령부터 아이들에게 사용하고 있다. 범보 의자나 점퍼루에 앉은 아이는 자연스러운 움직임 패턴에서 벗어나 발달적으로 부적절한 자세를 취하게 된다. 그로써 아이는 자세가 불량해질뿐더러, 완전히 수동적으로 움직이게 되어 스스로 근육을 단련시킬 기회를 잃는다. 특히 점퍼루는 아이의 걷기 능력을 지연시키고, 까치발로 걷는 습관을 들여 신체 발달을 저해한다. 요컨대 기구의 과도한 사용이야말로 자유로운 탐색을 통해 감각 시스템을 활용하고 자연스럽게 발달하면서 자신

감각을 잘 발달시킨다는 것

을 둘러싼 환경을 배워 나가는 아기의 능력을 가로막는다.

우리가 끊임없는 광고로 접하는 '육아템'들이 아이에게 해로울 수 있다. 아기의 발달을 돕는 최고의 장소는 매트가 깔린 바닥이라는 점을 잊지 말길 바란다. 아이들이 쉼 없이 세상과 접촉하도록 도와주는 건 기계나 기구가 아닌 놀이다. 이것이 바로 내가 감각 놀이의 중요성에 관해 열변을 토하는 이유다.

✖ ⬡ ✖

어느 오후, 애슐리는 햇빛을 받으며 운전하고 있다. 그녀 인생에서 제일 소중한 두 아이를 데리러 학교에 가는 길이다. 픽업 대기줄에 도착하니 바로 뒤에 라일라의 차가 선다. 지금의 평화는 순식간에 카오스로 변할 것이다. 아니나 다를까, 아이들은 차에 타자마자 서로 애슐리의 관심을 끌려고 다투기 시작한다. 5살짜리 아들 타일러는 차 안의 텔레비전을 켜겠다고 하고, 2살배기 롤라는 돌부터 자연스럽게 사용해 온 엄마의 핸드폰을 내놓으라고 한다. 바로 뒤에 선 라일라의 차 안도 사정은 마찬가지다. 라일라의 5살짜리 아들 잭은 집에 가서 아이패드로 게임을 하겠다고 떼쓰고, 7살짜리 딸 아이비는 비디오 게임을 하겠다고 조른다.

빗발치는 요구 속에서 애슐리는 분위기를 전환하기 위해 음악을 튼다. 아이들에게 창밖 날씨가 얼마나 좋은지 한번 보라고 권해 본다. 하지만 이것저것 졸라대며 목소리를 높이던 아이들이 급기야 떼를 쓰기 시작한다. 라일라가 아이 스파이 I spy (주위에 보이는 사물의 이름 첫 글자를 말하면 그 사물을 맞추는 놀이 – 옮긴이 주)를 시작해 보지만 소용없다.

애슐리는 아이들이 징징거리는 소리를 10분쯤 참고 듣다가, 결국 엄포를 놓는다. 차 안에서 아이들이 어떻게 행동하는지를 보고 집에 가서 뭘 하고 어떤 간식을 먹을지 정하겠다는 것이다(그렇다고 해서 비디오 게임을 허락할 생각은 전혀 없지만 지금 그걸 두고 입씨름할 여력이 없다).

한편 라일라는 아이들에게 경쟁을 붙인다. 차 안에서 제일 조용히 있는 사람에게 잠자리에서 책을 한 권 더 읽어 주겠다는 것이다. 이 전략은 효과가 있었다. 책 읽기를 좋아하는 아이비는 금세 조용해졌다.

아이들을 데리고 집에 돌아온 애슐리는 냉동실에 쟁여둔 공룡 너깃이 떨어졌다는 걸 깨닫는다. 알파벳 너깃은 남아 있지만, 보통 편식쟁이와는 차원이 다른 롤라에겐 통할 리 없다. 애슐리는 당황해서 롤라에게 알파벳 너깃을 먹어 보지 않겠느냐고 권하지만, 롤라는 단칼에 거절하고 대신 체더 치즈 맛 과자 한 봉지를 먹겠다고 한다. 애슐리는 멍한 정신으로 과자를 건네주며 요즘 롤라의 단백질 섭취가 부족한 게 아닌지 걱정한다. 그사이 타일러와 롤라는 간식을 들고 테이블에 앉는다.

라일라네 집에선 잭이 테이블에 앉지 않겠다고 고집을 부린다. 잭은 과자를 먹으면서 소파 가장자리에서 뛰어내리고, 아일랜드 식탁 주위를 뛰어다니며 닌자 놀이를 하다 몇 번이나 접시를 깨뜨릴 뻔한다. 아이비는 잭이 어딘가에 부딪힐 때 나는 큰 소리가 싫어서

감각을 잘 발달시킨다는 것

도망간다.

롤라는 팝콘 부스러기가 잔뜩 묻은 얼굴로 제일 좋아하는 만화 〈페파 피그^{Peppa Pig}〉를 틀어 달라고 하고, 애슐리는 페파는 주말에만 만나기로 했다고 일러주면서 대신 아이패드로 도형을 공부하는 앱을 켜준다. 앱은 교육적이라고 광고되지만, 형식은 게임과 똑같다. 아이패드를 들고 놀이방으로 가는 롤라를 보며 애슐리는 타일러에게 눈길을 돌린다. 타일러는 넘치는 기운을 주체하지 못하고 집 안 전체가 울릴 만큼 큰 목소리로 끝도 없이 웃어댄다. 마치 볼륨 버튼이 **최대**에서 고장 난 것 같다. 타일러가 팔을 활짝 벌리고 롤라를 안으러 다가가면 롤라는 멀찍이 도망간다. 타일러는 자기가 얼마나 힘이 센지 모르고 롤라가 비명을 지를 때까지 꽉 껴안기 때문이다. 애슐리는 타일러를 밖에 데리고 나가서 기운을 빼주고 싶지만, 마당이 작아서 선택지가 많지 않다. 축구공을 쫓아다니는 건 아이가 금세 지루해한다. 타일러가 〈퍼피 구조대^{Paw Patrol}〉를 틀어 달라고 하자 애슐리는 잠깐만 보라고 허락한다. 다소 죄책감이 들긴 하지만, 최소한 아이가 지루해하진 않을 테니 다행이라는 생각도 든다.

한편 라일라는 빨래를 하고 일을 해야 한다. 마쳐야 할 프로젝트가 있다. 최근 잭의 선생님으로부터 아이가 알파벳을 잘 읽지 못한다는 피드백을 받아서, 하루 날을 잡고 잭에게 글자를 알려주어야겠단 생각이 든다. 하지만 도무지 시간이 나지 않는다. 라일라는 잭과 함께 알파벳을 공부하는 대신, 아이패드에 글자를 알려주는 앱을 다운받아 옆자리에 앉은 잭에게 건네고선 자기 업무를 시작한다.

✖ ⚯ ✖

'스크린 타임'(컴퓨터나 텔레비전 또는 게임기와 같은 장치를 사용하는 시간-옮긴이주)을 줄여야 한다는 건 누구나 안다. 아이들은 물론이며 우리 어른들도 마찬가지다. 유모차를 타고 공원에 나온 아기가 나무를 바라보고 자신을 둘러싼 소리를 듣는 대신 핸드폰에 집중하고 있는 모습은 이제 놀랍지 않다. 많은 소아과 전문의가 스크린 타임이 뇌의 백색물질(뇌의 구석구석을 연결하는 일종의 초고속도로다) 감소 및 인지 능력 저하와 관련된다며 우려를 표한다. 최근 한 연구는 '1일 권장 시간인 1시간이 넘도록 부모의 개입 없이 스크린을 본 아이들에게서 언어 능력·문해력·인지 능력에 핵심적인 뇌의 백색물질이 덜 발달된 것으로 나타났'는 결론을 내렸다. 경각심을 일으키는 연구 결과다. 그러나 스크린 타임을 줄이는 건 여전히 어려우며 갈수록 더 어려워지고 있다.

솔직해지자. 육아는 보통 힘든 일이 아니다. 혼란한 일상에서 스크린은 아이들을 잠시나마 차분하게 진정시키고 한자리에 가만히 있게 해주는 강력한 도구다. 아이들이 스크린을 보는 동안 부모들은 마감이 촉박한 프로젝트를 끝마치고, 저녁을 차리고, 가족들을 즐겁게 해줄 수 있다. 레스토랑에도, 공원에도, 공항에도, 심지어 학교에도 스크린이 있다. 그러나 붐비는 음식점에서 아이에게 크레용이 아닌 아이패드를 쥐여 주면, 아이는 가족과 어울리는 법을 배우지 못한다. 상상력을 발휘해 노는 법을, 집중하는 법을 배우지 못한다. 디

11

감각을 잘 발달시킨다는 것

지털 태블릿은 아이들을 매료시키고 사고를 치지 않게 해주지만, 동시에 감각 시스템을 쓰지 못하게 만든다. 이것이 문제다. 부모들은 아이에게 좋은 것만 주고 싶어하면서, 어쩔 수 없이 스크린을 보여준다. 스크린 없이 아이와 시간을 보낼 방법을 모르기 때문이다.

스크린을 아예 보지주지 말라는 건 아니다. 아이들의 인생에도 스크린이 들어갈 시간과 (제한된) 장소가 있다. 조부모님과 영상통화를 하거나 가상공간에서 어린이 요가 수업에 참여하는 건 훌륭하다. 하지만 몸을 움직이지 않고 아무런 상호작용 없이 영상에 빠져서 보내는 수동적인 스크린 타임은 제한해야 한다. 만일 아이에게 20분짜리 영상을 틀어주지 않고서는 샤워조차 할 수 없는 상황이라면, 너무 죄책감을 느끼지 말고 스크린을 활용하길 바란다. 중요한 것은 수동적으로 보내는 시간과 몸을 움직이고 타인과 교류하는 시간의 균형을 맞추는 것이다.

우리가 어렸을 적처럼 방과 후 어스름이 내릴 때까지 밖에서 뛰어노는 유년기는 이젠 옛날얘기가 되었다. 우리는 맑은 날엔 맨발로 내달리고 비가 오면 웅덩이에서 물장구를 치곤 했다. 그때 누군가가 우리에게 지금 뭘 하고 있느냐고 물었다면, 우리는 그냥 친구랑 놀고 있다고 대답했을 것이다. 알고 보면 그때 우리는 우리의 감각 시스템을 구성하는 재료들을 단단히 쌓아 올리고 있었다. 그 덕분에 우리는 의사, 예술가, 프로그래머가 될 수 있었고, 야구 장학금을 받고 수월하게 대학에 진학할 수 있었다. 혹은 나처럼 아이들과 함께하는 일에 열정을 품고 치료사가 될 수 있었다.

오늘날 아이들은 밖에서 놀지 않는데도, 아주 **바쁘다**. 우리 센터를 찾는 아이들의 대다수가 과도한 일정에 허덕이는 전형적인 요즘 아이들로서, 유치원이나 심지어 어린이집에 다닐 나이부터 거의 매일 계획된 활동을 소화한다. 가끔 부모들에게서 아이가 온종일 앉아만 있으니 신체 활동을 하도록 운동 수업에 보내는 게 좋을까 하는 질문을 받는다. 나는 그들에게 운동 수업이 감각 시스템을 형성하는 데도 좋고 팀워크를 배우는 데도 좋지만, 고도로 구조화된 수업 시간은 '상자 밖에서' 생각하거나 상상력을 발휘할 기회를 주지 않는다고 답한다. 아이들에겐 자유롭게 노는 시간이 필요하다.

애슐리와 라일라에게 돌아가 보자. 그들의 아이들은 결국 필요로 하는 것을 얻지 못하고, 그 대신 스크린 앞에 앉게 되었다. 잭은 알파벳을 익히고 자기 이름 쓰는 법을 배우려 애쓰고 있다. 지난주에 잭의 선생님은 라일라에게 집에서 글자 쓰는 연습을 시켜 달라고 부탁했다. 글자 모양을 기억하는 데는 앱보다는 감각 시스템을 발동시켜 손으로 글씨를 쓰는 쪽이 훨씬 효과적이다. 쓰기를 어려워하는 아이들에겐 촉각을 자극하는 사물로 글자를 만드는 연습이 유용하다. 잭에겐 플레이도(어린아이들이 미술이나 공예를 위해 사용하는 점토-옮긴이주), 면도 크림, 막대기로 글자 만드는 연습이 적합했을 것이다. 단순히 모양을 암기하는 대신, 글자를 물에 적셔 보는 등 촉각을 이용해 다양한 방법으로 글자 모양을 탐색하는 방법도 있다. 여러 방면으로 감각 시스템에 자극을 주는 것은 단순히 스크린을 보고 배우는 것보다 훨씬 더 효과적인 접근법이다. 감각 시스템은 뉴런들

감각을 잘 발달시킨다는 것

을 연결시키고, 아이들에게 실제 세상에 관해 가르쳐 준다. 추상적인 사고를 하는 법, 복잡한 활동을 완수하는 법, 언어를 습득하고 대근육과 소근육을 발달시키는 법, 남과 교류하는 법을 알려준다.

2살인 롤라는 엄마의 태블릿과 핸드폰을 자연스럽게 다룰 수는 있어도 또래 아이들 대부분이 해내는 단순한 쌓기 놀이나 도형 퍼즐은 하지 못한다. 애슐리는 롤라가 오빠보다 여러모로 더 서툴러 보인다고 염려한다. 부부가 맞벌이하며 미취학아동 둘을 키우고 있는 이 가정에서 실제로 롤라는 부모에게 일대일로 관심받는 기회가 부족하다. 특히 음식점이나 차 안에서는 지친 부모에게서 아이패드를 건네받기 일쑤였다. 애슐리는 지난 주말에 생일파티를 하러 롤라를 데리고 공원에 갔다가, 딸이 노는 법을 모른다는 걸 깨달았다. 롤라는 친구들처럼 구조물을 기어 올라가거나 주위를 살펴보지 않았다. 정처 없이 마냥 뛰어다닐 따름이었다. 다른 아이들이 가져온 장난감으로 애슐리가 놀아주려 해봤지만, 롤라는 또래에 비해 창의적으로 놀려 하거나 관심을 보이지 않았다. 애슐리는 걱정이 들기 시작했다.

그뿐 아니라 애슐리는 타일러의 담임교사에게서 우려스러운 말을 들었다. 타일러의 넘치는 에너지와 누구에게나 하이파이브를 하려는 습관은 애슐리 부부에겐 웃고 넘길 일이지만, 유치원에선 문제가 되고 있다는 것이다. 타일러가 나타나면 다른 아이들이 도망간다고 했다. 롤라와 마찬가지로 타일러가 너무 세게 하이파이브를 하는 게 싫기 때문이었다.

5년 후 이 아이들은 어떻게 자라 있을까? 롤라는 7살이 되어 초등학교에 입학했다. 반에서 제일 똑똑한 학생이지만 뭐랄까, 어딘가 어색하다. 친구를 잘 사귀지 못하고, 운동이나 신체 활동에는 관심이 없다. 새로운 음식은 입에 대지도 않는 편식쟁이에다가, 식사도 깔끔하게 하지 못한다. 놀이터에서도 스트레스를 많이 받는다. 애슐리는 매일 아침 등교 전쟁이 너무 힘들다. 타일러는 여전히 한자리에 앉아 있는 걸 어려워한다. 다정한 성격이고 수영을 잘하지만, 교사들에게 계속 품행을 지적받는 바람에 스스로 나쁜 아이라고 생각하기 시작했다. 애슐리는 타일러가 점점 더 폭력적으로 되어 간다고 느낀다.

잭은 수업을 그럭저럭 따라가긴 하지만, 악필인데다 공부를 싫어한다. 모든 걸 흡수하는 스펀지처럼 호기심이 많았던 잭의 유아기를 기억하는 라일라는 실망이 크다.

아이들에게 **노는 법**도 가르쳐야 한다고 말하면, 우리의 조부모 세대는 이해하지 못할 것이다. 하지만 그게 오늘날 유치원 교사들이 말하는 현실이다. 노는 법을 가르치는 것이 교사 일의 큰 부분을 차지하게 되었다고, 불이 들어오고 소리가 나고 알아서 **놀아주는** 장난감 없이 자유 시간을 즐기는 법을 모르는 아이가 태반이라고 한다. 유치원에 잘 다니려면 주변 환경 속 사물들을 다루는 법과 또래들과 함께하는 법을 배워야 한다. 교사 혹은 교육자라면 이 지점에서 어려움을 겪는 아이들을 본 적이 있을 것이다.

애슐리와 라일라의 이야기가 극단적으로 들릴지도 모르겠다. 하

감각을 잘 발달시킨다는 것

지만 나는 센터에서, 가정에서, 교실에서 이런 사례를 매일 만난다. 우리 센터에서는 문제를 겪고 있는 아이들과 가족들에게 교육적인 환경과 적정한 수준의 도전을 제공함으로써 적절한 발달을 이끈다.

아이들은 저마다 다르고, 어떤 행동을 하는 데 꼭 정해진 이유가 있는 건 아니다. 하지만 유치원 교실 구석에서 혼자 노는 아이를 보고 있노라면, 내겐 교사나 부모가 관심을 기울여 그 아이의 감각 처리 능력을 키워줘야 한다는 게 보인다. 우리 센터에 다니는 4살짜리 자니는 무술을 하듯이 친구들을 손으로 내리치고, 포옹을 너무 세게 하고, 친구들 위로 굴러다니는 걸 즐긴다. 교사들이 자니를 가르치려고 여러 행동 전략들을 적용해 보았지만 큰 성공은 거두지 못했다. 나는 자니를 만나보고, 자니가 그런 행동을 하고 나면 기분이 좋아지고 침착해져서 친구들과 같이 앉아 수업을 할 수 있는 상태가 된다는 걸 알아차렸다. 즉, 자니가 이러한 동작을 하는 건 친구들을 괴롭히고 싶어서가 아니었다. 자니는 스스로 상태를 조절하고 진정하기 위해 근육을 밀거나 당기는 운동이 필요한 아이였다. 하지만 그 탓에 친구들과의 관계가 나빠졌을 뿐만 아니라 교사들에게도 자꾸 지적을 받게 되었다. 아직 4살인 자니는 몸이 원하는 대로 따를 때마다 "안 돼"라는 말을 듣는 걸 이해하지 못했고, 매일 기분이 상한 채로 하원했다.

다행히 나는 자니의 교사들과 힘을 모아 자니의 상황을 개선할 수 있었다. 우리는 자니에게 사회적으로 적합한 방식으로 밀거나 당기는 운동을 하는 법을 알려주어서 자기 몸을 더 잘 이해하고 움직일 수 있도록 도왔다. 자니가 남을 끌어안고 싶다고 느끼면, 우리는 쉬운 표현을 사용해 자니를 다른 활동으로 이끌었다. "네 몸은 끌어안는 느낌을 정말 좋아하는구나. 네 몸이 끌어안는 걸 좋아하는 건 괜찮지만, 다른 친구를 끌어안는 건 괜찮지 않아. 그 대신 네 다리 위에 무거운 공을 굴려 보면 어떨까?" 나와 협업하기 전에 교사들은 "끌어안는 건 안 돼, 나쁜 행동이야, 남에게 손대지 마"라는 표현으로 자니에게 수치심을 주었다. 반면 새로운 표현은 자니에게 힘을 실어 주었고, 자니는 어떻게 해야 자기 자신과 친구들이 더 기분 좋게 놀 수 있는지 이해하게 되었다.

아이는 놀지 않고선 세상을 탐색하는 방법을 배우지 못한다. 세상에는 상상력을 지닌 사람들이, 상자 밖에서 생각할 줄 아는 사람들이 필요하다. 일상적 문제들을 처리하고, 다리를 짓고, 풀리지 않는 의학적 수수께끼를 해결하고, 창업을 할 수 있는 사람들이 필요하다. 그런 사람으로 성장하기 위해 꼭 필요한 추상적 사고, 자신감, 사회성은 전부 놀이에서 시작되며, 감각 시스템이 활성화될 때 발달한다. 그렇다면 질문은 이것이다. 어떤 놀이로 아이들이 감각 시스템을 활용하도록 이끌 것인가?

이 책에는 아이들이 감각을 써서 놀이할 수 있도록 유도하는 활동이 다양하게 실려 있다. 8가지 감각과 각각의 역할을 설명한 다음 그 감각을 활용하는 활동들을 소개했으니, 순서대로 읽길 바란다. 각각의 감각 시스템이 무엇을 어떻게 작동시키는지 이해하는 것이 중요하다. 게다가 감각들은 서로 동떨어져서 작동하지 않는다. 이

감각을 잘 발달시킨다는 것

책에서 소개하는 활동들은 기본적으로 특정 감각을 자극하는 데 집중하지만, 대부분은 다른 감각도 함께 활용하여 소근육에서 운동 능력까지 여러 분야를 동시에 강화한다.

하루에 몇 번 혹은 며칠 동안 활동을 해야 한다는 규칙은 없다. 이 책을 감각을 활용한 놀이의 출발점으로 활용하길 바란다. 스쿠터 보드 하키 놀이를 하다가 스쿠터 보드 댄스로 넘어가게 된다면, 그냥 즐겨라! 놀이는 경직되어선 안 된다. 어떤 활동을 하고 싶은데 아이가 공주 놀이나 해적 놀이나 공주 해적 놀이를 하고 싶어 한다면, 그 흐름에 몸을 맡겨라. 활동이 숙제처럼 느껴져선 안 된다는 것, 아이가 상상력을 발휘할 무한한 기회가 되어야 한다는 것을 반드시 기억하길! 나는 많은 부모로부터 아이들과 어떻게 놀아줘야 할지 잘 모르겠다는 말을 많이 듣는다. 편안한 마음으로 느슨하게 활동하다 보면 당신 내면의 창의적인 아이가 깨어날 것이다.

이 책에서 소개하는 활동들은 주로 3세에서 8세를 위한 것이다. 아이의 수준에 맞춰 놀이를 더 어렵거나 더 쉽게 바꾸는 방법도 수록했다. 놀이를 반복하면서 아이가 점점 능숙해지거나 놀이를 계속하자고 청하는 모습을 보게 될 수도 있다. 새로운 감각적 자극에 반응하는 방식은 아이마다 다르니, 아이의 반응과 행동을 유심히 관찰하자. 아이를 불편할 지경으로 밀어붙이고 싶지 않다면, 편안하게 해줘라. 특히 전정 감각(균형과 공간 감각)을 자극하기 위해 크게 움직일 때 편안한 상태에서 진행하는 게 중요하다. 전정 자극은 아주 강해서, 아이가 당장은 즐기는 듯 보여도 활동이 끝난 후 어지럼증이

스크린 육아에서 벗어나는 8감 발달 놀이

나 짜증 같은 지연된 반응을 보일 수 있다. 어떤 활동을 하든, 아이를 관찰하고 아이의 신호를 기다려라.

이 책이 당신에게 감각 시스템을 배우고, 이해하고, 전에는 써보지 않은 방식으로 감각 기관을 활용하도록 돕는 지침서가 되길 바란다. 나의 궁극적 목표는 아이를 놀게 하는 것이다. 부모와 함께, 창의성을 북돋는 물건을 가지고 노는 것이야말로 아이의 신체와 두뇌를 성장시키는 최고의 방법이다.

자, 이제 한번 놀아 보자!

감각을 잘 발달시킨다는 것

1장

✱

차이를 만드는
8가지 감각

아기는 태어난 순간부터 자극 세례를 받는다. 아기는 운동 감각을 활용하는 신체 활동과 놀이를 통해 수많은 자극을 적절히 처리할 수 있도록 감각 시스템을 강화한다. 잘 발달된 감각 시스템은 아기가 자라서 유치원에 가고 나아가 인생을 살아갈 준비를 하는 밑바탕이 된다. 감각 시스템은 평생 발달시킬 수 있지만, 적기는 출생부터 5세까지다. 이 시기에 부모가 아이를 위해 할 수 있는 일은 아주 많다. 아이가 하는 모든 일에 감각 시스템이 사용되기 때문이다. 앞으로 8가지 감각 시스템에 관해 자세히 논하겠지만, 여기서는 몇 가지만 예를 들어 보겠다.

유아는 음식의 질감을 탐색하기 위해 촉각 시스템을 사용하고, 사과 조각이나 고구마를 입에 가져가기 위해 고유 수용성 감각 시스템을 사용하며, 먹는 도중 똑바로 앉아 있기 위해 전정 감각 시스템을 사용한다. 점토를 가지고 노는 어린이는 자세를 유지해야 하고 (전정 감각) 재료의 질감을 손으로 느껴야 한다(촉각). 점토를 으깨고 뭉개고 빚는 행동은 밀거나 당기는 운동으로서 고유 수용성 감각을 자극한다.

부모는 때로 상반되는 정보의 늪에 빠져, 아이가 배우고 자라는 모습을 지켜보는 가운데 '정상'이라는 개념에 집착하게 된다. 그럴 때 부모는 눈앞에서 벌어지고 있는 아이의 놀라운 변화에 기뻐하는 대신 아이가 하지 '않는' 일에 집중한다. 어제는 뒤집기를 못 하던 아기가 오늘은 터미타임에서 벗어나는 법을 알았다. 그러나 부모는 세상에 나온 지 겨우 몇 달 된 작은 인간에게 경이를 느끼는 대신, 아기가 뒤집기를 오른쪽으로만 하고 왼쪽으로는 하지 않는다며 섣불리 인터넷 척척박사에게 달려간다. 이때, 질문을 바꿔 보면 어떨까? "아기가 왜 왼쪽으론 뒤집기를 하지 않을까? 무슨 문제라도 있는 걸까?" 하고 걱정에 빠지는 대신 "아이가 왼쪽으로도 뒤집기를 하려면 어떻게 도와줘야 할까?" 하고 고민해 보는 것이다. 어쩌면 왼쪽에 아이가 제일 좋아하는 장난감을 두는 것만으로도 통할지 모른다.

아이들은 어린이집에서 대학까지 여러 차례 도약을 겪는다. 그 사이에 아이를 도울 기회는 수없이 많으며 이 경우 대부분 놀이가 좋은 수단이 된다. 문제는 부모가 기본적인 육아 전략과 놀이법에 관해 배운 적이 없어서 어찌할 바를 모른다는 것이다. 자연스레 부모들은 아이의 발달을 돕는다고 홍보되고 있는 최신 기술에 의존하게 된다. 그 결과 아이들은 감각을 이용하여 주위 사람이나 사물과 상호작용하는 대신, 몇 시간씩 아이패드 앱을 보며 '배우고' 있다.

아이들에게 가장 중요한 건 '자아'를 키우는 일이다. 내가 세상의 어디에 서 있는지 아는 것이다. 그래야만 자신의 몸을 편하게 느끼고, 자신 있게 타인과 소통하며 주변 환경과 상호작용할 수 있다. 자신이 속한 공간에서 조화롭게 생활하는 아이는 자신감이 있고, 자기 몸의 위치에 관해 견고한 감각을 갖고 있으며 낯선 영역(새로운 교실, 놀이터 혹은 기관)에서 쉽게 적응하여 사회에 더 깊이 참여하고 소통할 수 있다.

몇 년 전만 해도 이런 발달상의 능력들은 마당에서, 동네에서, 놀이터에서 혹은 거실에서 자연스럽게 만들어졌다. 그러나 시간의 압박이 심해지고 안전에 대한 우려가 깊어지면서 (내가 사는 로스앤젤레스에선 대부분 학교의 놀이터에 그네가 없다) 전 세대가 당연하게 여겼던 방식으로 자신의 주변을 탐색할 기회를, 아이들이 더는 얻지 못하게 되었다.

그렇다면 할 일이 빼곡한 일상과 아이들을 위한 노력 사이에서 시간에 쫓기는 부모는 어떻게 균형을 잡아야 할까? 힘들다는 건 안다. 진심으로 말하는데, 아이와 '올바르게' 놀아주는 것이 버겁게 느껴질 수 있다. 하지만 어렵지 않게 아이들의 감각 시스템을 발달시키는 놀이가 있다. 구체적인 방법을 소개하기에 앞서 우리가 발달시켜야 하는 감각들이 무엇이며 어떤 역할을 하는지 살펴보자.

발달을 위한 8가지 감각

감각의 종류에 관해 물으면 대부분 사람은 초등학교에서 배운 5가지 감각을 이야기한다. 시각, 청각, 미각, 촉각, 후각이 우리에게 잘 알려진 오감이다. 그런데 감각 시스템에는 3가지가 더 있다. 운동(전정 감각), 신체인지(고유 수용성 감각), 체내인지(내수용 감각)가 그것이다. 아이들이 잠재력을 온전히 펼치려면 이 8가지 감각 시스템 모두가 탄탄하게 작동해야 한다.

감각 시스템의 8가지 구조

- **전정 감각** vestibular : 운동과 균형을 처리하고, 머리와 눈의 움직임을 조정한다. 양측 협응, 자세 조절, 신체적 각성의 수준과 관련된다.
- **고유 수용성 감각** proprioception : 몸이 공간 내 어디에 위치하는지에 관한 피드백을 준다. 움직임의 세기와 압력을 조절한다.
- **촉각** tactile : 서로 다른 질감들을 구별하고(가벼운 접촉, 까끌까끌함, 부드러움) 통증과 온도를 인식한다.
- **시각** visual : 주위에서 보이는 것들을 처리하고 이해한다.
- **미각** gustatory : 단맛, 짠맛, 신맛, 쓴맛, 감칠맛까지 5가지 맛을 경험하고 알아차린다.
- **후각** olfactory : 서로 다른 냄새를 구별하고, 그 냄새가 (꽃향기처럼)

스크린 육아에서 벗어나는 8감 발달 놀이

안전하고 유쾌한지 혹은 (연기처럼) 위험한지 알아차린다. 그리고 감정 시스템과 연결되어 기억을 불러온다(가장 유명한 예로는 프루스트의 마들렌이 있다).

- **청각** auditory: 듣고 나서 적절하게 반응하기 위해 소리를 구별하고 해석한다.
- **내수용 감각** interoception: 우리 몸 안에서 어떤 일이 벌어지고 있는지 인식한다. 화장실에 가야 하거나 배가 고프거나 목이 마른 걸 알아챈다.

각각의 감각 시스템에 관해서는 앞으로 더 깊이 살펴보겠다. 다음의 그림에서 알 수 있듯이 감각 시스템은 자존감, 학업, 운동을 비롯해 아이들의 건강한 삶에 필요한 능력과 기술들의 토대를 만들어 준다. 감각들은 나무의 뿌리와 같다. 뿌리가 튼튼하면 줄기와 가지도 튼튼하게 자라지만, 뿌리에 양분이 부족하면 아이는 자신이 될 수 있는 최고의 모습으로 자라기 어렵다. 다시 한번 강조하지만, 온전한 감각 시스템은 다른 능력과 기술이 발달하고 번성할 기반이 되어 준다. 우리의 목표는 아이가 태어난 순간부터 놀이를 통해 견고한 감각 시스템, 즉 뿌리를 키우는 것이다. 만일 아이가 이 중 어떤 영역에서 고전하고 있다 하더라도, 앞으로 소개할 활동들을 해나가며 나아질 수 있을 것이다.

1장 차이를 만드는 8가지 감각

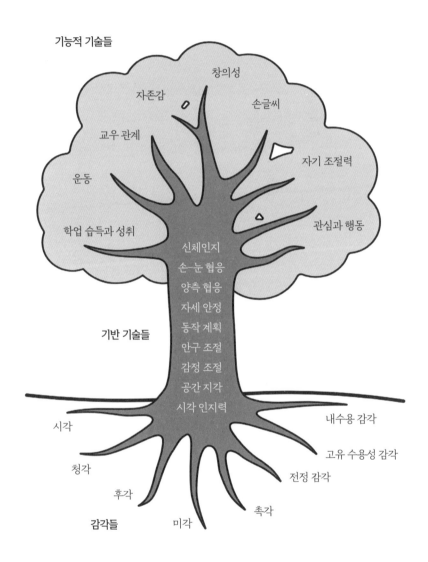

기능적 기술들

창의성

자존감

손글씨

교우 관계

운동

자기 조절력

학업 습득과 성취

관심과 행동

신체인지
손-눈 협응
양측 협응
자세 안정
동작 계획
안구 조절
감정 조절
공간 지각
시각 인지력

기반 기술들

시각

내수용 감각

고유 수용성 감각

청각

전정 감각

후각

촉각

감각들

미각

스크린 육아에서 벗어나는 8감 발달 놀이

감각 통합이란?

감각 시스템에 관해 폭넓게 연구하여 감각 통합 이론을 제시한 작업 치료사 진 에어스^{Jean Ayres}는 "감각 통합이란 감각을 사람의 몸과 환경으로부터 체계화하여 환경 내에서 몸을 효과적으로 사용할 수 있게 하는 것"이라고 정의했다.

이 말을 한번 자세히 들여다보자. 감각 통합이란 본질적으로 우리 뇌가 8가지 감각으로부터 피드백을 받고, 그것을 해석하고 체계화한 뒤에 그 정보를 이용해 적절한 반응을 만들어내는 과정이다. 앞서 말했듯 한 번에 하나의 감각만 사용되는 일은 극히 드물다. 감각 자극에 노출된 아기는 환경을 해석하고 그에 반응하는 법을 배우는데, 자극을 많이 받을수록 감각 자극을 더 효과적으로 처리할 수 있다. 즉, 새로운 것을 경험할 때마다 새로운 연결이 생겨나고 새로이 이해하게 된다는 의미다. 당연한 소리로 들릴지 모르겠지만, 8가지 감각은 아이가 자전거를 타고, 책을 읽고, 진열대를 넘어뜨리지 않으면서 가게 안을 걸어 다니고, 가만히 앉아 있고, 음식을 먹는 데 꼭 필요하다. 뜨거운 물체를 만지면 뇌는 그 정보를 받아들이고 즉각 그 물체에서 손을 떼라는 신호를 '빠르게' 보낸다. 대부분의 경우, 다수의 감각에서 얻은 정보를 통합해야 올바르게 반응할 수 있다. 따라서 감각을 **조절**하는 법도, **구별**하는 법도 알아야 한다(이에 관해서는 앞으로 더 깊이 다루고자 한다).

다들 알다시피 아기는 순서대로 고개를 가누고, 뒤집고, 기고, 결국 걷게 된다. 감각 시스템은 움직임을 계획하고 안정적인 자세를 유지하는 능력에서 핵심적인 역할을 한다. 예를 들어, 모둠 활동 시간에 좀처럼 가만히 앉아 있지 못하는 아이들이 있다. 그건 그 아이들에겐 20분 동안 양반다리로 앉아 있는 게 신체적으로 불가능하기 때문이다. 실행 기능(무엇을 하고 싶은지에 관한 계획을 만들고 그 계획을 실행하는 능력)이 떨어지는 아이는 동작 계획에서도 고투를 겪으며 서툴고 몸놀림이 무거워 보일 수 있다.

아이의 뇌는 스펀지 같아서, 보고 느끼고 맛보는 모든 것을 흡수하여 평생 사용할 연결들을 만들어낼 준비가 되어 있다. 이런 연결 고리들은 아이가 마당에서 친구들과 놀 때, 놀이터에서 뛰어다닐 때, 책을 읽을 때 얻는 경험을 통해 발달한다.

아이가 놀이 시간 대부분을 전자 장난감과 기계류와 보내는 바람에 다양한 감각 자극에 노출되지 않는다면, 어떤 일이 일어날까? 간단히 말해, 아이는 자신에게 들어온 정보를 효과적으로 처리하지 못하게 된다. 아이에게는 서로 오가는 상호작용이 필요하다. 아이가 뭔가를 하고 다른 아이나 어른이 반응하는 상황에서 일어나는 상호작용이 필요하다. 나는 부모들에게 아이가 노는 것을 지켜보거나 아이와 상호작용할 때, 테니스 시합을 하는 것처럼 반응을 주고받아야 한다고 말하곤 한다. 놀이는 수동적인 것이 아니다.

아이들과 함께하는 일에 대한 나의 열정은 어릴 적 아기 인형을 가지고 놀던 경험에서 비롯되었다. 레고나 블록쌓기를 좋아하는 아이는 커서 건축가가 될지 모른다. 운동 능력이 뛰어난 아이는 헬스

트레이너나 운동 코치가 될지도 모른다. 물론 언제나 이처럼 직접적으로 연결되는 것도 아니고, 아이가 평생 어떤 길을 걷도록 인도해야 한다는 뜻도 아니다. 내 말은, 모든 게 놀이에서 시작된다는 것이다. 요즘 아이들은 우리가 어렸을 적보다 자유롭게 노는 시간이 훨씬 적다. 그 대가는 크다. 창의성과 사회성을 키울 기회를 잃는 것이다.

놀이의 마법을 경험하지 못하고, 과밀한 스케줄에 빠져 버린 게 비단 아이들만은 아니다. 아이와 어떻게 놀아줘야 할지 모르겠다고 말하는 부모도 드물지 않다. 자녀가 놀이터에서 다른 아이들과 어울리지 않는다고 염려하는 고객이 있었다. 그 고객은 집에서 아이와 종종 레고 놀이를 하긴 했지만, 상상력을 기반으로 한 놀이는 전혀 하지 않았고 신체 활동은 시도조차 해보지 않았다고 했다. 어디서부터 시작해야 할지 막막하다면, 일단 혼자가 아니라는 걸 기억하길. 그리고 당신에게 영감을 줄 놀이와 활동이 이 책에 가득 실려 있다는 걸 기억하길. 우리 어릴 적과 달리 오늘날 많은 부모는 아이를 밖에서 혼자 놀게 하지 않는다. 아이의 감각 시스템에 자극을 줄 제일 쉬운 방법이 선택지에서 빠진 셈이다. 이는 우리가 아이에게 어떤 장난감을 주고 어떤 놀이를 하게 해줄지를 더욱 사려 깊고 신중하게 선택해야 한다는 뜻이다. 나는 부모들에게 무엇보다도 아이들과 어울려 유치하게 놀기를 권한다.

재미있는 놀이들을 소개하기 전에 우선 8가지 감각을 탐색하고 그것들을 발달시킬 방법을 살펴보자. 앞서 말했듯 이 책에서는 감각들을 개별적으로 다루지만, 어떤 감각이 홀로 작동하는 경우는 거의 없다는 사실을 명심하길 바란다. 어떤 활동을 할 때 우리는 다수의 감각을 통합시켜 우리가 무엇을 경험하고 있는지 해석하고 적절한 반응을 한다. 나아가 우리는 각각의 감각에서 자극을 **구별**하고 (예를 들어, 딱딱한 것과 부드러운 것의 차이를 느끼고) **조절**한다(즉, 과한 반응도 둔한 반응도 아닌 '딱 알맞은' 반응을 한다). 우리가 아이들에게 키워주려는 능력이 이렇게 감각을 통합하고, 구별하고, 조절하는 능력이다.

전정 감각

이름은 좀 낯설지 모르겠지만, 우리가 계속 사용해 온 감각으로 움직임에 관여한다. 우리가 움직일 때 내이 안의 액체도 움직이는데, 이 움직임을 이석기관과 반고리관에서 포착하여 머리의 위치를 뇌로 보내고, 우리가 중력을 기준으로 어디에 있는지, 움직임의 속도와 방향은 어떠한지 알려준다. 또한 전정 감각 시스템은 우리 몸이 균형을 잡도록 도와주는데, 예를 들어 아이가 연석을 따라서 걸을 때 전정 감각은 고유 수용성 감각 및 시각과 더불어 아이가 균형을 잡도록 돕는다.

고유 수용성 감각

고유 수용성 감각 시스템은 몸이 공간 내 어디에 있는지 알려 주고, 움직임의 세기를 조절한다. 근육, 힘줄, 관절의 수용체들은 근육의 위치와 긴장의 정도에 관해 소통하고, 힘의 반응을 조절한다. 이 감각은 아이에게 신체를 지각하게 하여 입에 시리얼을 넣거나 크레용을 부러뜨리지 않고 잡을 수 있게 해준다. 또한 전정 감각과 함께 동작 계획 및 협응과 가장 밀접하게 연결된다.

고유 수용성 감각을 활성화하면 진정 효과가 있는데, 자기 조절 및 다른 자극에 대한 반응 조절에 도움이 되기 때문이다. 쪽쪽이를 사용하는 유아는 입을 통해 고유 수용성 감각 자극을 받으면서 차분해진다. 그네를 꼬아 타는 등 전정 감각을 활성화하는 놀이를 하느라 에너지가 올라간 상태에서는 모래밭에서 장난감 자동차를 밀거나 무거운 것을 드는 등의 고유 수용성 감각 활동이 아이를 진정시키는 데 도움이 된다(특히 밤잠이나 낮잠 전에 유용하다).

촉각

촉각 수용체들은 정보 전달을 통해 우리가 위험한 것을 만지지 않도록 해주며 감정에 영향을 준다. 신체적 자극의 압력과 위치, 성격(고통스러운지 즐거운지), 온도에 관해 정보를 주고, 우리의 움직임에 관해서도 알려준다.

촉각은 감각 통합의 한 요소이자 플레이 2 프로그레스 센터에서 다루는 여러 감각의 하나이다. (사실 요새 '감각^{sensory}'이라는 단어가 워낙 유행해서 핀터레스트에 접속하면 통에 쌀알을 가득 담고 그 안에 있는 작은 물체를 찾는 활동을 하는 등의 아이디어를 수없이 찾을 수 있다.) 우리는 아이들에게 촉각으로 환경을 탐색할 기회를 충분히 주려고 한다. 지저분해져도 괜찮다. 즉각 물티슈로 닦지 않고 마음껏 놀이에 빠져들어도 된다.

시각

시각 시스템은 우리 눈으로 들어오는 광파를 이용하여 각막, 동공, 망막으로 상을 만들고 그것을 뇌의 시각 피질로 보낸다. 시각은 부모의 사진이든 제일 좋아하는 색깔의 크레용이든 우리가 보는 모든 것을 처리하고 이해하는 능력을 준다.

미각

우리의 미뢰(맛을 느끼는 역할을 하는 꽃봉오리 모양의 세포-옮긴이 주)는 5가지 맛을 구별하고, 뇌에서는 그것들을 해석한다. 아이가 어릴 때 (심지어 태내에 있을 때도) 반드시 여러 맛을 경험할 수 있도록 해야 아이의 입맛을 다양하게 만들고 편식을 막을 수 있다. 특정한 음식이나 맛에 노출된 적이 없는 아이는 나중에 그것을 거부할 확률이 높다.

후각

공기로 운반되는 냄새 분자는 코 안의 후각 수용체에 의해 처리되고, 우리가 아는 냄새로 해석된다. 후각 시스템은 이 냄새들을 꽃향기처럼 향긋하다고 해석하거나 연기 냄새처럼 위험하다고 경고한다. 후각은 기억과 밀접한 관련이 있어서 감정적 반응을 강하게 일으킬 수 있다. 아이를 키울 때 이는 아주 중요한데, 향기가 아이를 진정시키는 강력한 도구가 될 수 있기 때문이다. 아이가 좋아하는 애착 물건(담요나 장난감)의 대체품이 통하지 않는 이유는(혹은 세탁

스크린 육아에서 벗어나는 8감 발달 놀이

후에 애착 물건이 거부당하는 이유는) 아이에게 위안을 주는 것이 그 물건의 냄새였기 때문이다.

청각

청각이 어떤 감각인지는 이미 알 것이다. 청각은 음파를 받아들여 내이의 작은 진동을 처리하고 뇌로 보내서 언어, 음악, 우리가 일상에서 주의해야 할 소리들로 해석한다. 청각은 또한 우리 귀에 들리는 소리들을 구별하여 적절히 반응하게 한다. 그 덕분에 우리는 운전하다가 앰뷸런스 소리를 들으면 차선을 비켜주고, 아이들은 쉬는 시간에 놀이터에서 놀다가 종소리를 들으면 줄을 서서 교실로 돌아간다.

내수용 감각

내수용 감각은 지금보다 더 많이 논의될 필요가 있다. 내수용 감각이란 간단히 말해 우리 몸 안에서 일어나는 일에 관한 이해다. 아이들은 내수용 감각을 활용해서 배가 고프거나 배가 부른 것, 화장실에 가야 한다는 것을 알아차린다. 또한 이 감각은 불안이나 좌절 같은 감정 상태를 알아차리는 능력에도 영향을 미친다. 《내수용 감각Interoception》의 저자 켈리 말러Kelly Mahler는 이 감각에 관해 "지금 내 상태가 어떻지?"라는 질문에 답하는 것이라고 설명한다.

배가 아프면, 왜 아픈지 이유를 알아야 한다. 친구 집에 놀러 가 하룻밤 자고 오기로 한 약속 때문에 초조해서 속이 이상하다는 것

1장 차이를 만드는 8가지 감각

을 깨달아야 한다. 내수용 감각은 자기 몸을 알아차리기 위한 핵심 요소이다. 그래서 내수용 감각에 문제가 있는 아이는 배변 훈련과 식이 조절은 물론, 차분하게 있는 것 자체가 어렵다.

감각의 정도는 사람마다 다르다. 배우자가 텔레비전 음량을 너무 높여서 집중하기 어려운가? 대화할 때 동료가 너무 가까이에 서는 가? 책상에 오래 앉아 있는 게 어렵거나, 가만히 있지 못하고 자꾸 몸을 꼼지락거리게 되는가? 어른들도 이런 불편들을 흔하게 겪는 다. 그러나 아이들의 경우, 감각 시스템을 온전히 사용할 기회를 계속 얻지 못한다면, 살아가면서 더 심각한 문제를 겪게 될지 모른다. 좋은 소식은, 즐거운 활동을 하면서 발달에 필수적인 감각을 키울 수 있다는 것이다.

놀이를 시작하기 전 주의사항

이어지는 장에서는 각 감각에 관해 더 자세히 살펴보고, 본격적으로 놀이를 시작할 것이다. 여기서는 아이와 함께하는 활동 시간을 가능하면 즐겁고 알차게 보내도록 몇 가지 조언을 덧붙이고자 한다. 무엇보다 가장 먼저 짚고 넘어가야 할 게 있다. 놀이, 놀이공간, 장난감 그리고 감각 자극이 아이의 자기 조절 능력(자신의 감정과 환경에 대한 반응을 관리하는 능력)에 큰 영향을 미칠 수 있다는 점이다.

스크린 육아에서 벗어나는 8감 발달 놀이

아이를 둘러싼 환경은 아이의 상태에 막대한 영향을 줄 수 있다. 과자극을 피하도록 하려면 아이의 방이나 놀이공간을 꾸밀 때 몇 가지를 기억하자. 우선, 침실에는 장난감을 두지 않기를 권한다. 침실은 마음을 진정시키는 색깔로 꾸미고 몇 가지 물건만 둔, 차분한 공간이어야 한다. 잠자리 독서를 위해 몇 권의 책을 비치하는 건 괜찮지만 그 외는 간소하고 아늑하게 유지하려고 노력하자. 침실은 아이들이 몸의 긴장을 풀고 쉴 수 있는 안전한 공간이어야 한다. 방에 장난감이 있으면 아이는 놀고 싶은 유혹에 빠지기 쉽고, 그럼 침실은 휴식과 수면보다는 놀이를 위한 공간이 되어 버린다. 놀이방이 따로 없거나 공간이 부족하다면 거실 한구석을 장난감 코너로 만들어도 좋다. 거실이 장난감으로 뒤덮일까 하는 걱정일랑 접어두자. 거실을 번잡한 장난감 가게처럼 꾸미라는 뜻이 아니다. 사실 어느 장소든 장난감은 아주 조금만 꺼내 두는 게 제일 좋다.

최근 나는 우리 센터에 다니는 애런의 집을 방문했는데, 현관문을 열고 들어선 순간 신발장부터 끝없이 늘어선 장난감이 눈에 띄었다. 장난감을 거실에 두는 집이군, 싶었다. 장난감들을 따라가 보니 과연 거실에는 장난감을 가득 담은 바구니가 3개나 있었고, 큼직한 장난감도 여기저기에 널브러져 있었다. 그래서 애런이 "이제 놀이방을 보여드릴게요"라고 말했을 때 깜짝 놀라지 않을 수 없었다. 나는 당황하기 시작했다. 놀이방은 토네이도가 한바탕 휩쓸고 간 자리 같았다. 방 구석구석 장난감으로 뒤덮이지 않은 곳이 없었다. 애런의 집에는 거실과 놀이방에 있는 것만 모두 합해도 장난감이

100개 이상 있었다. 애런이 장난감 1개를 가지고 30초 이상 놀지 않는 것은 당연했다. 무엇 하러 그러겠는가? 애런은 짜증이 나면 장난감을 던지기 시작했는데, 그것도 내겐 당연해 보였다. 결과적으로 너무 많은 장난감이 아이에게 과자극이었다.

이와 비슷한 경험이 점점 많아지자 나는 고객의 가정을 방문하여 놀이방에 관해 코칭하기 시작했다. 부모와의 상담 시간에 나는 항상 아이가 선택할 수 있는 장난감의 수는 적어야 한다고, 엄밀히 말해 장난감을 최대 10개까지만 꺼내 두라고 조언한다. 그러면 부모는 눈이 휘둥그레진다. 아이에게 선택지가 너무 많으면 주의를 산만하게 할 요소도 많아지는 셈이라서, 장난감 하나로 쭉 노는 게 더 어려워진다. 지난 몇 년 동안 나는 대부분의 놀이방이 아이에게 과자극이 되었다는 걸 두 눈으로 확인했다(감각을 발달시키기 위한 공간 꾸미기는 ★185쪽에 소개했다).

모든 걸 단순하게 정리하자. 우리의 목표는 공간을 깨끗하고 미니멀하게 만드는 것이다. 창고나 침대 밑에 장난감을 보관하고서 번갈아 꺼내는 '토이 로테이션toy rotation'도 훌륭한 방법이다. 아이가 현재 꺼내 놓은 10가지 장난감에 질린 것 같으면 다른 10가지 장난감으로 바꿔주면 좋다(몇 주마다 생일을 맞는 것과 비슷한 효과를 낼 것이다).

장난감이라고 해서 다 같지 않다. 플레이 2 프로그레스 센터에서 진행하는 '엄마랑 아기랑' 수업을 한 번이라도 들어봤다면, 내가 장난감을 선택하는 데 진심이라는 걸 알 테다. 점점 더 스마트해진 기술이 일상을 파고드는 지금, 장난감에도 최신 기술이 적용되어 있

스크린 육아에서 벗어나는 8감 발달 놀이

다. 요즘 장난감은 불이 들어오고, 꽥꽥거리고, 굴러가고, 소리를 내고, 아이를 **위해** 놀아준다. 아이가 상상력을 발휘해 사자처럼 으르렁거리고, 장난감 기차를 바닥 위에서 밀고 다닐 기회는 없어졌다. 그러나 아이에겐 자동으로 움직이는 장난감보다 상호작용하며 놀 수 있는 장난감을 주는 편이 더 좋다. 한 연구에 따르면 단순한 장난감(즉, 전기나 디지털 요소가 없는 장난감)을 가지고 노는 게 아이의 언어 발달 및 부모와 자녀 간의 상호작용을 증진시킨다고 한다.

내가 추천하는 장난감은 구식 원목 장난감이다. 자동차도, 동물도, 소꿉세트도 그렇다(또 하나의 장점은 플라스틱 장난감보다 훨씬 고급스러워 보여서 놀이공간이 더 멋스러워진다는 것이다).

그리고 집 안 한구석에 '차분한 공간'을 만들기를 권한다. 작은 티피 텐트를 설치해 주거나 안 쓰는 공간을 아이에게 내주어라. 아이가 기어들어 갈 수 있는 크기면 되니 소파 팔걸이와 벽 사이 같이 좁은 공간도 괜찮다. 이 공간을 깔끔하게 유지하고, 빛과 소음이 너무 많이 들어가지 않도록 하자. 공간 안에는 포근한 담요와 봉제 인형을 제외하곤 아무것도 넣어선 안 된다. 중요한 건, 아이를 이 공간으로 밀어 넣어서는 안 된다는 것이다. 차분한 공간이 벌이나 타임아웃을 위한 공간처럼 느껴져선 안 된다. 아이가 쉬고 싶을 때 찾는 안전한 공간이 되어야 한다. 따라서 아이와 함께 그곳을 꾸민 다음, 아이에게 진정해야 할 때 찾아가는 곳이라고 이야기해 주면 좋다.

서로 다른 방식으로 사용되는 여러 감각은 잠들기 전 아이가 진정하도록 도울 수도 있고, 졸린 아침 시간에 등교를 준비할 때 몸을 깨우도록 도울 수도 있다. 예를 들어, 부드럽게 마사지하면 아이가 잠드는 데 도움이 되고, 아이를 토닥거리면 아이가 잠에서 깨는 데 도움이 된다. 앞으로 더 자세히 다루겠지만, 여기서 간단히 몇 가지를 제안하고자 한다.

플레이 2 프로그레스 센터에서 우리는 떼를 쓰는 아이나 힘이 넘치는 아이를 진정하게끔 돕는 일을 '녹색 지대로 돌아오기'라고 부른다. 여러 학교와 감각 센터에서 채택하고 있는 '조절 지대'라는 프로그램에서 차용한 용어다(집에서도 아주 요긴하게 쓰일 것이다). 이는 아이들이 자신의 감정이 몸과 어떤 관련이 있는지 이해하도록 돕는 도구로서 유용하다. 아이들은 누구나 한 번씩 좌절하거나 화를 낸다. 집에 갈 시간인데 계속 놀고 싶어서, 감정에 사로잡혀서(예를 들어, 부모가 아이를 베이비시터에게 맡겨 두고 외출할 때), 몸이 너무 피곤해서 짜증을 낸다. 이럴 때 아이들은 리셋하기 위해 도움이 필요하다.

플레이 2 프로그레스 센터에서 사용하는 놀이들은 밀거나 당기는 운동을 많이 활용한다(고유 수용성 감각을 다룬 장에서 더 자세히 설명할 것이다). 우리는 또한 감정 전략을 이용해 아이들이 자기 자신과 자신의 감정에 대해 통제감을 되찾도록 돕는다. 우리가 떼를 쓰는 아이를 돕기 위해 부모들에게 권하는 방법은 다음과 같다.

우리는 진정 효과가 있는 감각 자극을 이용해 아이의 몸이 긴장에서 풀려나게끔 유도한다. 그러려면 쨍한 시각적 자극이나 시끄러운 소리(예를 들어, 부모의 말소리)를 제한하고, 아이가 어둡고 감각 자극이 최소화되는 방으로 들어가는 게 좋다. 마사지나 묵직한 담요로

스크린 육아에서 벗어나는 8감 발달 놀이

녹색 지대로 돌아오기

....

- 아이의 감정을 한 문장으로 읽어주자.

  – "네가 속상하다는 걸 알아…."

  – "지금 아주 슬프구나…."

  – "장난감(아이스크림 등)이 정말 갖고 싶었구나. 정말 실망했겠어.
    이해해."

- 아이에게 늘 사랑한다는 걸 알려주자. 포옹이 필요하다면 안아줄 거라
  고 이야기해 주자.

  – "지금 정말 화가 났구나. 우선 네가 진정해야 하니 공간을 조금
    줄게. 사랑해! 안기고 싶으면 언제든지 와."

- 공간을 주고, 말을 너무 많이 하지 말자. 언어 대신 보디랭귀지를 사용
  하고, 아이에게 든든한 기둥이 되어 줘라. 말을 해봤자 아이는 더
  자극받을 뿐이다.

- 아이를 진정시키는 물건(봉제 인형, 애착 물건 등)이 있다면 아이가 볼 수
  있도록 근처에 두자. 직접 건네지 말고 아이가 직접 가지러 갈 수 있
  도록 하자.

- 공간을 만들어 주고 아이가 진정할 때까지 기다리자.

- 아이가 위험한 물건(예를 들어, 가위)을 손에 쥐면 부드럽게 물건을 가져오
  고 차분한 목소리로 말하자.

  – "네가 안전했으면 좋겠어. 가위는 가져갈게."

- 아이가 진정하고 다가오면, 떼를 쓰는 동안 어질러 놓은 것을 곧장 치우게 하거나 억지로 사과하게 하지 말자. 대신 아이에게 사랑한다고 말해주자. 아이가 완전히 진정할 때까지 조금 더 기다리자. 아이에게 충분히 시간을 준 뒤에 청소나 다음 활동에 관해 이야기하자. 생각한 것보다 더 오래 기다리는 것이 좋다.
- 떼를 썼다고 아이에게 망신을 주거나 종일 그 얘기를 하지 말자.

몸 깊숙이 압력을 주고, 천천히 흔들어주고, 꼭 안아주고, 불빛을 어둡게 하고, 따뜻한 우유나 물을 주고, 쪽쪽이나 물병을 빨도록 하고, 백색소음을 들려주거나 아이에게 적합한 명상을 시도해 보자. 진정해야 할 때 심호흡을 하도록 가르친다면 아이가 성인이 되어서도 요긴할 것이다.

반대로 몸을 깨워야 하는 아이들도 있다. 진정이 필요한 아이들에게 집중하다 보면 종종 잊히지만, 에너지 수준을 높이는 게 어렵고 수업에 집중할 에너지가 부족한 아이들도 있다. 그런 아이들을 위해 우리는 몸을 깨우는 감각 전략을 제안한다. 흔들어서 전정 자극을 줄 때 에너지 수준이 올라간다는 건 이해하기 쉬울 것이다. 다른 감각들도 충분히 활용할 수 있다. 예를 들어, 최근 내 제일 친한 친구와 추억담을 나누다가 기억난 건데, 우리가 어린 시절을 보낸 미시간주에선 시험을 보기 전에 선생님들이 박하사탕을 나눠줬다.

스크린 육아에서 벗어나는 8감 발달 놀이

레몬을 핥고, 박하 향을 맡고, 속도가 빠른 게임을 하고, 큰 소리로 음악을 듣고, 불을 밝게 켜고, 진동하는 물체 혹은 아주 차가운 물체를 만지고, 바삭바삭한 간식을 먹는 활동들은 전부 신체를 깨우는 효과가 있다.

우리 센터에 다니는 제이슨은 1학년 때 학교에서 항상 지쳐 있는 아이로 통했다. 쉬는 시간 내내 책상에 엎드려 있었고, 웃거나 친구들과 장난을 치는 일도 없었다. 제이슨의 담임선생님은 통찰력이 있어서 제이슨의 낮은 에너지가 전반적인 감각 처리와 관련이 있다고 느끼고, 아이를 우리에게 보냈다. 우리는 플레이 2 프로그레스 센터에 찾아온 제이슨에게 그네에 앉는 등의 강도 높은 감각 자극을 다양하게 경험하도록 했다. 첫 세션이 끝날 무렵 제이슨은 입을 열기 시작했고 전보다 훨씬 쉽게 활동에 참여하게 되었다. 그 뒤로 제이슨은 매일 등교 전에 몸을 움직였고, 레몬 천연오일을 가지고 다니며 수시로 향을 맡았으며, 일과 중 한 번씩 쉬는 시간을 가지며 몸을 움직이는 습관을 키웠다. 그 덕분에 제이슨은 신체 에너지를 조절할 수 있게 되었다.

아이가 감각을 통해 받아들이는 정보가 지나치게 많거나 부족하면 자신의 기분이 어떤지 제대로 표현하지 못할 수 있다. (기억하길. 아이들은 아직 어떤 상태가 정상인지조차 모른다!) 그래서 자기 몸이 통제 불능이라고 느끼거나 안전하지 못하다고 느끼기도 한다. 투쟁-도피 충동에 빨간불이 켜지고, 그 어떤 일에도 집중할 수 없는 상태가 된다. 그게 어떤 느낌인지 알고 싶다면 다음의 상황을 상상해 보자.

1장 차이를 만드는 8가지 감각

당신은 배우자와 함께 고대하던 휴가길에 올랐다. 공항에 도착해 출국 수속을 밟기 위해 여권을 찾는데 보이지 않는다. 그 순간 배우자가 목적지에 가서 뭘 먹고 싶냐고 묻는다면, 당신은 당연히 그 질문에 집중할 수 없을 것이다. 아마 이성을 잃을지도 모른다. 이처럼 감각 시스템에 과부하가 걸린 아이는 놀이를 통해 감각들을 활용함으로써 스스로 진정할 수 있다. 내가 항상 하는 말이지만, 자기 조절 능력이 없는 아이는 학습에 큰 어려움을 겪는다. 무엇을 효과적으로 배우려면 자기 몸을 조절할 줄 알아야 하기 때문이다.

놀 준비를 해볼까?

이 책에서는 특정 감각 시스템을 주로 발달시키는 놀이 활동을 묶어 소개하며 소근육과 대근육 발달 활동도 추가로 제안한다. 활동 방법을 소개하기 전에 준비물과 필요한 공간 및 시간을 미리 일러 두었으며 필요에 따라 난이도를 조절할 방법도 적었다. 아이들의 능력은 천차만별이기에 아이의 수준에 맞춰 기대치를 조정하는 것이 좋다. 여기서 소개하는 활동들은 3세에서 8세 사이 아이들에게 가장 적합하지만, 4살짜리가 쉽게 해내는 것을 6살짜리가 어려워할 수도 있다. 따라서 아이가 잘해내지 못한다면 재촉하지 말고 더 쉬운 버전에 시도해 보거나 다른 활동으로 넘어가도록 하자. 플레이 2 프로그레스 센터에서는 아이 개인에게 맞추어 끊임없이 활동을 조정한다. 마지막으로, 아주 어린 아기들도 감각 시스템을 활용할 수 있도록 보너스 활동도 넣었다.

준비는 간단하다. 거실이든 부엌 식탁이든 놀이방이든, 놀이공간을 하나 정하길 권한다. 주변이 지저분해지는 활동이 많으니 (사실 지저분해질수록 놀이는 더 재미있다) 놀이공간을 덮을 낡은 수건과 더러워져도 괜찮은 옷을 준비하자. 활동을 전부 할 필요도 없고 순서대로 할 필요도 없다. 다만, 모든 감각을 발달시키기 위해 장마다 몇 가지 활동을 꼭 해보길 바란다. 또한 각각의 활동을 특정 감각을 발달시키는 것으로 분류하긴 했지만, 다른 감각 시스템도 사용한다는 걸 기억하길 바란다. 대부분의 활동이 2개 이상의 감각을 사용한다. 예를 들어, 트램펄린에서 뛰는 활동은 고유 수용성 감각과 전정 감각에 자극을 준다. 뜀뛰기는 근육에 힘을 가하는 동시에(고유 수용성 감각) 내이에 자극을 주어 반응하고 적응하게 하기 때문이다(전정 감각).

안전을 위한 규칙

· ·

① 가구나 끝이 뾰족한 물체가 없는 트인 공간에서 활동한다. 균형과 협응이 필요한 활동들도 있으니 다치는 사람이 없도록 주의하자!

② 움직이는 것(예를 들어, 스쿠터 보드)에 탈 때는 헬멧을 착용한다.

③ 아이에게 안전한 무독성 미술 재료를 사용한다.

④ 입에 넣으면 위험한 물체는 어린아이의 손이 닿지 않는 곳에 둔다.

⑤ 아이가 보내는 신호에 집중한다. 우리의 의도는 과자극을 주려는 게 아니다.

각 장에서 공간 및 시간 조건에 맞고, 아이가 좋아할 만한 활동을 찾아보자. 모든 활동이 3세에서 8세 사이의 아이들에게 '유익'한 동시에 재미와 즐거움을 주기 위해 고안되었다. 행여 숙제처럼 느껴진다면 마음 편히 다음 활동으로 넘어가도 좋다.

아이들과 놀 때 지켜야 할 지침이 더 있다. 우선, 핸드폰을 내려놓고 알림을 진동이나 무음모드로 바꾸자. 단 15분 만이라도! 온라인으로 쉼 없이 일거리가 쏟아지는 이 시대에 어려운 부탁이라는 걸 알지만, 단 15분 만이라도 아이에게 집중하는 건 큰 의미가 있다. 그리고 마지막으로, 마음속 5살 아이를 깨워라. 유치해지라는 얘기다. 부모들은 쑥스러운 나머지 그렇게 놀지 못한다. 하지만 장담하건대, 당신도 카타르시스를 느낄 것이다. 아이에게 어떻게 노는지 보여주면 아이도 즉각 당신에게 놀이를 걸어올 것이다. 그렇게 당신은 아이와 아름다운 순간을 공유하고, 유대감을 키우고, 나아가 아이가 잘 살도록 도울 수 있다.

2장

✕

의미 있게 움직이기

전정 감각

잠시도 가만히 있지 못하는
아이를 위한 솔루션

중력과 우리 몸의 관계를 관장하는 전정 감각은 가장 중요한 감각의 하나로 꼽힌다. 전정 감각은 우리가 움직이는 동안 머리가 어디에 있는지 알려주며 균형, 자세, 자기 조절, 협응에 영향을 미친다. 적절하게 발달하고, 똑바로 앉아 칠판에 적힌 내용을 필기하고, 공을 튕기고, 점심을 먹기 위해 모든 아이는 전정 감각을 사용한다. 즉, 이 감각은 협응이 필요한 모든 활동에 어떤 식으로든 활용된다.

전정 감각 시스템은 어떻게 작동할까

움직임에 민감한 내이의 반고리관과 이석기관은 몸의 방향(똑바로 서 있는지, 누워 있는지, 움직이고 있는지)에 관한 정보를 뇌에 전달한

전정 감각 시스템

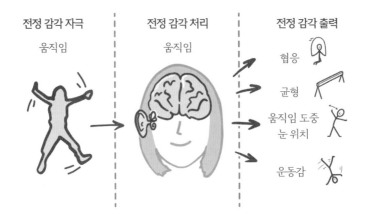

전정 감각 자극	전정 감각 처리	전정 감각 출력
움직임	움직임	협응
		균형
		움직임 도중 눈 위치
		운동감

다. 이 정보는 우리가 환경에 적절히 반응하고, 균형을 유지하며 움직임을 조절하도록 한다. 멀미가 나거나 중이염에 걸린 적이 있다면 전정기관이 몸의 나머지 부분과 어긋나 있을 때 느낌을 알 것이다. 어지럽거나 휘청거리거나 몸놀림이 무거워지거나 몸이 안 좋았을 것이다.

전정 감각이 제대로 작동하고 있을 때는 대체로 의식되지 않는다. 성인은 자전거를 타거나 균형을 잡거나 공중제비를 넘을 때 무엇이 필요한지 생각하지 않는다. 그러나 아직 자라는 중인 아이들은 주기적으로 전정 감각 시스템을 자극받아야만 중력과 적절하게 관계를 맺고, 다양한 운동에 편안하게 참여할 수 있다.

아이들에게는 다른 모든 감각과 마찬가지로 전정 감각 또한 발달시키고 강화할 기회가 필요하다. 그 방법은 주로 놀이를 통해서다.

더 많이 경험할수록 (그리고 그 경험이 재미있을수록) 아이들의 전정 감각은 잘 작동할 것이다. 전정 감각은 감각 시스템의 핵심적인 부분이기 때문에 아주 어린 영아마저도 뒤집기나 부드럽게 흔들기 같은 전정 감각 활동에서 얻는 게 있다.

이 감각은 아이가 저녁 식탁에 앉기, 정글짐에 기어 올라가기, 줄넘기 놀이에 참여하기 등 일과 중 다양한 환경에 맞닥뜨리고 활동에 참여하는 동안 안전감을 느끼도록 돕는다. 아이가 중력과의 관계를 견고하게 느끼면 (특히, 발이 땅에서 떨어졌을 때) 활동하고, 놀고, 움직이는 것에 더 큰 자신감을 가지게 된다. 이러한 자신감은 다른 영역으로도 확장된다. 움직임에 자신이 있는 아이는 전반적으로 자신감을 가지게 된다. 쉬는 시간에 더 빨리 놀이에 참여하게 되면서 친구들에게 외향적인 리더로 보일 가능성이 올라가며 더 나은 자아를 찾게 된다.

교실에서도 전정 감각은 시선을 한 물체에서 다른 물체로 빠르게 옮길 수 있게 돕는다. 거창한 거리 조절이나 머리의 움직임 없이도 칠판 앞에 선 선생님과 책상에 놓인 종이를 번갈아 볼 수 있게 한다. 전정 감각은 한 지점에 시선을 고정한 채 피루엣(발레에서, 한 발을 축으로 팽이처럼 도는 춤 동작-옮긴이 주)을 하는 발레 무용수처럼 머리가 움직이는 동안에도 시선을 유지할 수 있도록 한다. 더불어 집중력과 조절력, 즉 각성을 알맞은 수준으로 유지하게 하며 운동과 글쓰기에 필수적인 손-눈 협응에도 도움을 준다.

전정 감각이 잘 발달하지 않은 아이는 교실에서 똑바로 앉아 있는 게 힘들어서 선생님의 말에 온전히 집중할 수 없을 것이다. 모둠 활동 시간이나 의자에 앉아 있어야 하는 시간에 몸을 꼼지락거리고 돌아다니다가 혼이 날 수도 있다. 움직여야 할 **필요**가 있다니, 상상할 수 있겠는가? 본능을 따르면 문제가 생길 걸 알면서도 수업 시간에 자세를 유지하지 못하는 아이들이 있다. 이런 아이들은 잦은 꾸중으로 자존감에 깊은 상처를 입을지도 모른다.

전정 감각이 잘 발달하지 않은 아이는 또한 친구들과 놀이를 하거나 운동에 참여하기가 어려운 나머지 교우 관계나 팀워크의 재미를 놓치게 될뿐더러 자신감에 큰 타격을 입는다. 점프를 하고, 공을 차고, 옆으로 재주넘기를 할 줄 아는 건 성인의 시선에선 그다지 중요하지 않으나 이런 활동에 어려움을 겪는 아이는 운동장에서 소외될 수 있다. 신체 능력에 대한 자신감이 부족하여 친구들의 놀이에 끼어들기를 망설이다가 결국 혼자 놀게 되기 때문이다. 건강한 전정 감각은 여러 면에서 아이의 독립성을 뒷받침하며 칠판에 적힌 글씨를 소리 내 읽거나 몸을 굽혀 신발 끈을 묶거나 쉬는 시간에 친구들과 술래잡기를 하는 데 필요한 기술들에 도움이 된다. 운동장에서 가장 자신감 넘치는 아이들은 주로 조정력이 뛰어나다.

(다른 감각과 더불어) 전정 감각이 잘 발달한 아이는 활동적으로 움직이다가 차분하게 앉아 있어야 하는 변화에 잘 적응하고 그에 맞추어 행동을 조절할 수 있다. 예를 들어, 운동장에서 신나게 뛰어놀다가 교실에서 수업을 들어야 할 때, 기어를 잘 바꾸는 것이다(반면 몸을 움직이느라 조정력이 떨어져서 변화에 적응하지 못하는 아이는 떼를 쓰

거나 산만해질 수 있다). 이러한 아이는 학교생활에 잘 적응하고, 놀이를 즐기며 친구, 가족 그리고 세상과의 상호작용을 더 잘해낸다. 이 밖에도 수많은 장점이 있다.

각성 수준: 모둠 활동 시간에 자리에 앉고, 집중하고, 친구들과 어울리고, 문제를 해결하고, 배우는 데는 적정한 수준의 각성이 필요하다. 전정 감각은 이 각성에 큰 영향을 미친다. 천천히 흔드는 것과 같은 부드러운 전정 감각 자극은 진정 효과를 주고, 빙글빙글 도는 것과 같은 강렬한 전정 감각 자극은 (어떤 부모들이라면 "날뛴다"라고 표현할 정도로) 아이의 에너지 수준을 끌어올린다. 어떤 아이들은 조정력을 잃고, 수업을 방해하다가 교사로부터 '나쁜' 아이라는 꼬리표가 붙기도 한다. 안타깝게도 아이들은 이런 꼬리표를 진심으로 받아들이곤 한다.

전정 안구 반사: 전정 안구 반사는 춤을 추거나 농구공을 드리블하거나 칠판의 글씨를 공책에 옮겨적는 등 머리와 몸이 움직일 때 시선을 조절해 준다. 시선을 안정적으로 유지하거나 달리면서 공을 뒤쫓을 수 있는 능력은 아이가 집, 교실, 운동장에서 자신의 환경을 성공적으로 안전하게 탐색해 가도록 돕는다.

조정: 앞서 설명했듯, 우리가 중력과 맺은 관계는 공간 내에서 움직일 때 자신의 위치에 대한 자각에 영향을 미친다. 따라서 전정 감

각 시스템은 조정에 영향을 미친다. 플레이 2 프로그레스 센터에서는 신체의 양손이나 양발을 협동하여 사용하는 능력인 양측 협응 활동에도 집중한다. 자전거를 타고, 계단을 오르고, 옷을 입고, 운동을 할 때 팔과 다리가 조화를 이루어야 한다. 학교에서는 글씨를 쓰고 종이를 자르고(한 손으로 종이를 쥐고, 한 손으로 가위를 쓴다) 그림을 그릴 때 양측 협응 능력이 필요하다.

중력과의 관계에서 어려움을 겪고 자기 몸에 자신이 없는 아이는 위화감을 느끼고 어색하게 움직인다. 이는 아이의 자신감과 자존감에 직접적으로 영향을 미친다. 자신의 몸이 편하지 않은 아이는 보통 스펙트럼의 양극단으로 행동한다. 가만히 앉아 있지 못하고 수업에 지장을 주거나 반대로 입을 꾹 다물고 조용히 앉아 있는다. 후자의 경우는 '얌전하게' 행동하고 수업 중 문제를 일으키지 않아서 도움을 받지 못하기 일쑤다. 하지만 이런 아이도 수업을 방해하는 아이만큼이나 어른들의 관심이 필요하다.

코어 및 자세 힘: 등, 복근, 골반의 근육들은 운동할 때도 필요하지만, 모둠 활동이나 식사 시간에 똑바로 앉아 있을 때도 필요하다. 전정 감각은 우리가 중력을 거스를 수 있게 돕는 자세 근육의 긴장에 영향을 미치며 머리를 안정시켜서 자세를 유지하게 해준다. 화장실 줄을 잘 서거나 모둠 활동 시간에 잘 앉아 있는 아이는 바른 자세를 유지하기 위해 이런 근육들을 사용한다.

전정 감각 시스템은 외따로 작동하지 않는다. 고유 수용성 감각 시스템 역시 전체적인 자세 유지에 도움이 된다. 자세 통제력이 좋지 않은 아이는 모둠 활동 시간에 친구나 가구에 기대거나 누워 있다가 혼이 날 수 있다. 또한 자세를 조정하거나 교정하기 위해 자주 움직여서 수업 분위기를 흐리거나 본인의 집중력을 흐트러트리기도 한다. 그래서 이런 아이들은 쉴 새 없이 움직이는 것처럼 보이기도 한다.

균형: 위아래, 좌우, 앞뒤로 움직이면서 무게중심을 유지하는 능력이다. 모든 움직임과 활동의 핵심 요소로, 구조화되지 않은 운동장에서의 놀이, 공차기, 스포츠 등 다양한 사회적 놀이를 뒷받침하는 능력이기도 하다.

전정 감각의 주요 기능

전정 감각 구별: 자신이 중력을 기준으로 어떻게 있는지(똑바르게, 구부정하게, 기울여서), 자신이 얼마나 빠르게 움직이고 있는지 구별하기 어려워하는 아이는 일상과 학교생활에서 곤란을 겪을 수 있다. 자신의 몸이 빠르게 움직이는지 느리게 움직이는지 느낄 수 없으므로 속도를 조절하지 못하고 다른 아이들에 비해 너무 빠르거나 느리게 움직이게 된다. 이런 아이는 넘어질 때도 자신이 어느 방향으로 떨어지고 있는지 느끼지 못해서 몸을 가누지 못하고 팔이 부러

질 수도 있다. 게다가 매사에 서툴러 보이기도 한다.

전정 감각 조절: 조절이란 어떤 감각 자극에 딱 맞는 반응을 찾아가는 것이다. 예를 들어, 아이는 방금 경험한 감각 자극에 대해 너무 크거나 작지 않은, 즉 적당한 반응을 하고 싶을 것이다. 그런데 움직임에 대해 적절히 반응하는 법을 모르면 신체 활동 자체를 두려워하게 되거나 땅에서 발을 떼기를 꺼릴 수도 있다. 두 발 모아 뛰기, 그네 타기, 기어오르기 등의 활동을 하지 않을 것이고, 지나치게 조심하는 나머지 다른 아이들과 어울리거나 운동장에서 노는 일도 어려워질 것이다. 이런 아이는 전정 감각 자극에 과하게 반응하며 땅에서 발을 떼는 것을 두려워 한다.

반면 어떤 아이는 다른 아이들보다 많이 움직여야만 알맞은 각성 수준에 도달한다. 우리가 '과소 반응적'이라고 부르는 유형이다. 언뜻 보면 게으르고 무기력하며 동기가 부족해 보이지만, 그네를 태우거나 점프를 시키면 에너지 수준에 차이가 있다는 게 극명하게 드러난다. 기운을 내서 활동에 참여하려면 보통 아이들보다 더 많은 움직임이 필요한 아이다.

자극을 갈망하는 아이도 있다. 이런 아이는 다른 아이들보다 더 활발하거나 충동적으로 행동하며 안전에 대한 자각 없이 소파에서 껑충 뛰어 테이블을 넘을 수도 있다. 이런 아이에게는 모둠 활동 시간, 장보기 등 가만히 앉아 있어야 하는 모든 활동이 어렵다. 쉼 없이 전정 감각 자극을 갈망하고 있어서 아무리 움직여도 부족하다.

스크린 육아에서 벗어나는 8감 발달 놀이

전정 감각 활동

이 책에서 소개하는 활동들은 각성을 일으키기 (즉, 에너지 수준을 끌어올리기) 때문에 아이가 너무 흥분하지 않도록 주의해야 한다. 활동적이지 않고, 꾸물거리며 에너지 수준이 낮고, 자꾸 다른 물체에 기대는 아이는 각성 효과로 인해 '깨어날' 수 있다. 아이가 지나치게 흥분한 것 같다면 고유 수용성 감각 활동(★102쪽 참고)을 하면서 아이를 진정시키고 에너지를 조절하도록 도와주면 된다. 다만 지연된 효과가 있을 수 있다(활동이 끝난 뒤에 효과가 나타날 수도 있다는 뜻이다). 놀이공원에서 스크램블러(공중에 떠서 회전하는 놀이기구-옮긴이 주)를 타봤다면, 놀이기구를 타는 동안과 내린 직후에는 괜찮지만, 몇 분이 지난 후 어지럼증을 경험해 보았을 것이다. 그러니 천천히 해나가자. 아이의 상태를 수시로 확인하고, 어떤 식으로든 아이가 불편해한다면 즉시 활동을 멈춰라. 아이의 몸에서 신호를 찾아야 한다. 아이가 자신의 느낌을 말로 표현하지 못할 수도 있다. 현기증이 나거나 속이 더부룩해지면 에너지와 행동이 '과해'지거나 '날뛸' 수 있다.

마지막으로, 전정 감각 활동은 움직이는 놀이이기 때문에 아이가 가구나 다른 물체에 부딪치지 않도록 놀이공간을 반드시 치워야 한다.

엎드려서 색칠 놀이

1~2   3~5   선택사항

설명   아이가 집중해서 참여할 수 있는 놀이로, 창의력과 소근육 발달에 도움이 된다. 어떤 연령이든 아이가 재미있게 할 수 있는 놀이이다.

- **준비물**   -분필, 크레용, 물감 또는 마커
              -종이
- **필요 공간**   작은 공간
- **필요 시간**   5~15분
- **놀이 준비**   바닥에 큰 종이와 아이가 좋아하는 색칠 도구를 둔다.

놀이 방법

1   아이가 요가의 엎드린 개 자세(두 다리를 어깨너비로 벌리고 허리를 굽힌 다음, 손으로 바닥을 짚어 몸을 ∧자 모양으로 만드는 자세)를

취한다. 또는 다리를 넓게 벌리고 몸을 앞으로 굽힌 자세를 취한다.

2 종이와 크레용 혹은 마커를 아이 손에서 7~8cm 앞에 둔다.

3 아이가 주로 사용하지 않는 손으로 바닥을 짚는다.

4 아이가 주로 사용하는 손으로 크레용이나 마커를 집는다.

5 아이가 색칠을 시작한다. 어른은 옆에서 아이가 걸작을 그려 내는 것을 지켜본다!

- **저난도** 쉬는 시간을 자주 주고, 아이가 엎드린 개 자세와 배를 깔고 엎드리는 자세를 번갈아 취할 수 있게 한다.
- **고난도** 색칠 도구를 아이 손에서 30cm 거리에 둔다. 아이가 발을 바닥에 붙인 채 양손으로 걸어가 색칠 도구를 집어 들고 원래 자리로 돌아와 색칠한다. 플랭크 자세로 양손을 움직이므로 코어 힘이 좋아질 것이다.
- **아기를 위한 보너스 활동** 지퍼백 안에 물감을 넣는다. 원한다면 반짝이를 넣어도 좋다. 테이프로 입구를 봉하고, 터미타임에 아기가 두 손으로 지퍼백 속 물감을 문지르며 놀게 한다.
- **추가로 활용되는 감각** 고유 수용성 감각, 소근육

자루 입고 구르기 경주

1   2~3   4

....

설명　구르기를 하면 웃음이 절로 나올뿐더러 전정 감각 시스템 발달에도 도움이 된다. 어지러울 수 있는 활동이니 아이의 신체 신호를 잘 살피고, 필요하면 휴식을 취하게 한다.

....

· 준비물　　－자루 또는 몸 전체를 넣을 수 있는 옷이나 침낭

　　　　　　－작은 공 또는 콩주머니

　　　　　　－양동이 또는 빨래 바구니

　　　　　　－타이머(선택사항)

· 필요 공간　넓은 공간

· 필요 시간　10~15분

· 놀이 준비　경주로의 한쪽 끝에 공이나 콩주머니 같은 작은 물건들을 쌓아둔다. 그리고 그 반대쪽 끝에는 양동이나 빨래 바구니를 둔다.

스크린 육아에서 벗어나는 8감 발달 놀이

놀이 방법

1 아이가 자루 또는 침낭에 들어간다.

2 경주로 도착점까지 가져갈 작은 물건을 하나 고른다.

3 바닥에 누운 다음, 가능한 빠른 속도로 양동이가 있는 곳까지 굴러간다. 작은 공이나 콩주머니는 계속 손에 들고 있어야 한다.

4 도착점에 도착하면 일어서서 양동이에 물건을 넣는다.

5 다시 굴러서 출발점으로 돌아온다.

6 모든 물건을 양동이에 넣을 때까지 ①~⑤를 반복한다.

· **저난도** 자루를 사용하지 않고, 아이가 맨몸으로 구르게 한다.

· **고난도** 누가 먼저 공(콩주머니)을 양동이에 모두 넣는지 시간을 재는 경주로 만든다. 친구들과 놀이를 하며 누가 제일 먼저 임무를 완수하는지 본다. 두 아이가 동시에 경주해도 좋다.

· **아기를 위한 보너스 활동** 아기가 걷기 시작했다면, 걷거나 뛰어가서 콩주머니를 바구니에 넣도록 한다.

· **추가로 활용되는 감각** 실행 기능

거꾸로 퍼즐

1   2~3   4~5

설명 완전히 새로운 방식으로 퍼즐을 완성하는 어려운 활동이다. 모둠 활동 시간에 앉아 있을 때 필요한 근육을 키워 준다. 활동의 처음부터 끝까지 어른의 보조가 필요하다.

- **준비물** -직소 퍼즐, 감자 머리 장난감이나 아이가 좋아하는 조립식 장난감
  -어린이용 작은 책상 또는 의자
  -짐볼
- **필요 공간** 작은 공간
- **필요 시간** 10~15분
- **놀이 준비** 퍼즐을 짐볼 너머 바닥에 둔다. 짐볼 앞에 어린이용 책상이나 의자를 둔다. 아이가 짐볼에 앉았을 때 책상 또는 의자 윗면이 아이의 배 높이에 오게끔 한다. 퍼즐 판을 책상(의자) 위에 둔다. 아이가 몸을 뒤로 젖혀 바닥에 있는 퍼즐 조

각을 집고, 책상에서 퍼즐을 맞춘다.

1 아이가 짐볼 위에 앉는다. 어른이 아이의 무릎이나 허벅지를 잡아서 도와준다(어른은 활동 내내 아이를 붙잡아 주어야 한다).

2 몸을 천천히 뒤로 젖혀 짐볼에 등을 댄다.

3 머리 위로 손을 뻗어 퍼즐 한 조각을 잡는다.

4 다시 짐볼 위에 똑바로 앉는다(어른은 아이가 윗몸일으키기를 할 때처럼 팔을 사용하지 않고 일어나도록 격려해 준다. 복근을 단련시키는 움직임이다).

5 똑바로 앉은 뒤 퍼즐을 퍼즐판에 맞춘다.

6 퍼즐을 완성할 때까지 ①~⑤를 반복한다.

• **저난도**　짐볼에 배를 깔고 엎드려서 퍼즐 조각을 잡는다. 일어난 다음 뒤로 돌아 퍼즐을 맞춘다.

• **고난도**　짐볼에 등을 대고 몸을 젖힌 다음, 일어날 때 가슴 위로 팔짱을 낀다. 코어 힘을 더욱 기를 수 있다.

• **아기를 위한 보너스 활동**　아기를 잡아서 짐볼 위에 앉히고 위아래로 튕겨 준다. 혹은 짐볼 위에 배를 깔고 엎드리게 한 다음 부드럽게 앞뒤로 흔들어 준다.

• **추가로 활용되는 감각**　시각, 소근육

뒤로 볼링

1   2~3   4~5

설명 창의적으로 탑을 쌓은 후, 탑을 향해 전속력으로 공을 굴려서 무너뜨린다.

- **준비물** −큰 블록, 볼링핀 또는 아이가 좋아하는 쌓기 놀이 장난감

  −다른 물건을 넘어뜨릴 수 있는 무게의 작은 공

  −밸런스 보드(선택사항)

- **필요 공간** 작은 공간
- **필요 시간** 5~10분
- **놀이 준비** 방 한쪽 벽에 블록이나 쌓기 놀이 장난감을 둔다.

스크린 육아에서 벗어나는 8감 발달 놀이

1 아이가 블록으로 탑을 쌓는다.

2 탑을 등지고 5~10 발자국 거리에 선다.

3 공을 든다.

4 다리를 어깨너비보다 넓게 벌리고, 무릎을 편 채 허리를 숙
  인다.

5 다리 사이로 공을 던지거나 굴려서 탑을 맞춰 무너뜨린다.

6 탑이 전부 무너질 때까지 ①~⑤를 반복한 다음, 탑을 다시 쌓
  는다.

• **저난도** 탑에서 1~2 발자국 거리에 선다.

• **고난도** 밸런스 보드에 서서 탑을 쌓는다. 균형 감각과 코어 근육을 기
  를 수 있다.

• **아기를 위한 보너스 활동** 큰 아이가 탑을 쌓고, 작은 아기가 탑을 무너뜨
  릴 수 있다. 부모가 아기를 안아 올려서 발을 탑에 대 주거나, 아기가 기
  어가거나 걸어가서 탑을 무너뜨릴 수 있다. 아기가 공을 굴려서 탑을
  무너뜨릴 수도 있다.

• **추가로 활용되는 감각** 실행 기능

스쿠터 보드 하키

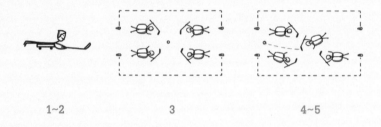

1~2   3   4~5

....

설명   아이스링크가 너무 멀다고? 문제없다! 아이스 스케이트
대신 스쿠터 보드를 이용해 놀아 보자.

....

· 준비물   -스쿠터 보드(아이마다 1개씩)

-원뿔 4개 또는 골대를 표시할 수 있는 물건(골대마다 2개씩)

-실내 하키 스틱이나 풀 누들pool noodle(수영장에서 쓰는 막대

기형 튜브-옮긴이 주)을 적당한 길이로 자른 것

-작은 공 또는 실내 하키 퍽(하키에서 사용되는 볼-옮긴이 주)

· 필요 공간   중간 이상의 넓은 공간

· 필요 시간   20~25분

· 놀이 준비   방의 양쪽 편에 원뿔을 2개씩 놓아서 서로 마주 보는 골대
2개를 만든다. 놀이 영역을 표시하여 공간을 제한한다.

놀이 방법

1 어른이 아이들을 두 팀으로 나누고 골대를 배정한다. 1대 1 또는 2대 2가 제일 좋지만 혼자 해도 괜찮다.

2 아이가 놀이 영역 한가운데(양측 골대와의 거리가 똑같은 지점)에서 스쿠터 보드에 배를 대고 눕는다. 반대 팀끼리 마주 본 채 모두 하키 스틱을 손에 든다.

3 어른이 공(하키 퍽)을 두 팀 가운데 놓고 "시작!"을 외친다.

4 아이가 스쿠터 보드에 배를 대고 엎드린 채로 손과 발을 이용해 앞으로 나아간 다음 스틱으로 공을 쳐서 골대에 넣는다.

5 득점하면 가운데로 돌아와 다시 시작한다.

6 경기 시간이 다 됐거나 미리 정한 득점 수에 다다르면 놀이를 끝낸다.

• **저난도** 하키 스틱 대신 손으로 공을 치게 한다. (특히 스쿠터 보드에 손이 깔리지 않도록 조심해야 한다.) 손으로 치기 쉬운 큰 공을 이용해도 좋다.
• **고난도** 발은 사용 금지! 손만 사용해서 스쿠터 보드를 움직인다.
• **추가로 활용되는 감각** 고유 수용성 감각, 시각, 실행 기능

스쿠터 보드 발사

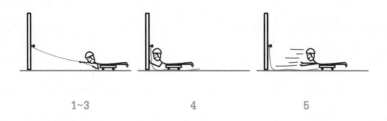

1~3   4   5

설명　아이들이 폭발적으로 반응하는 활동이다. 그네가 없더라도 스쿠터 보드로 전정 감각에 자극을 줄 수 있다.

- **준비물**　-튼튼한 밧줄(대략 3m 길이)

　　　　　-스쿠터 보드

　　　　　-헬멧

　　　　　-훌라후프(선택사항)

- **필요 공간**　넓은 공간
- **필요 시간**　5~10분
- **놀이 준비**　문손잡이나 단단한 표면에 밧줄을 묶는다. 문(표면)이 닫히는 방향에 묶고, 아이에게 반드시 헬멧을 씌운다.

놀이 방법

1 아이가 헬멧을 쓴 다음 문이 보이는 방향으로 스쿠터 보드에 엎드린다. 문에 묶여 있는 밧줄을 최대한 풀어서 멀리 자리를 잡는다.

2 아이가 양손으로 밧줄을 잡는다.

3 밧줄을 잡아당기며 문까지 이동한다.

4 문에 도착하면 두 손을 문에 댄다.

5 이제 발사할 시간이다! 손으로 문을 힘껏 밀어 뒤로 굴러간다.

6 ①~⑤를 반복한다.

· **저난도** 문손잡이에 밧줄을 묶는 대신, 밧줄이나 훌라후프를 이용해 스쿠터 보드에 엎드린 아이를 끌어 준다.

· **고난도** 아이가 문에 다다르면 이번엔 스쿠터 보드에 등을 대고 눕게 한다. 손 대신 발로 문을 밀어서 굴러간다.

· **추가로 활용되는 감각** 고유 수용성 감각

빙글빙글 발사

설명 그네 없이 사무용 의자로도 간단하게 전정 감각을 자극할
수 있다. 이 놀이는 아이에게 강한 자극을 줄 수 있으니 아
이의 신체 신호를 잘 살피고, 반드시 자주 쉬게 하며 아이
의 상태를 확인하자.

· 주의사항 -전정 감각 자극의 효과는 지연되어 나타날 수 있으니 놀이
를 천천히 시작한다.
-아이가 양쪽 도관에 같은 자극을 받도록 양방향으로 회전
하게 한다.
-이 활동을 끝낸 뒤 고유 수용성 감각 활동(★102쪽 참고)을
하면 아이를 진정시키는 데 도움이 될 수 있다.

· 준비물 -튼튼한 회전의자
-양동이
-공

· 필요 공간 중간 크기의 공간

· 필요 시간 5~10분

· 놀이 준비 넘어지거나 부딪힐 만한 물체가 없는 트인 공간에 회전의
자를 놓는다. 그리고 의자에서 대략 1m 거리에 큰 양동이
를 둔다.

1 아이가 회전의자에 앉는다.

2 아이 무릎에 공을 올려 둔다.

3 어른이 의자를 시계 방향으로 돌린다. 너무 빠른 속도로 돌리지 않도록 주의한다.

4 아이가 돌아가는 의자에서 공을 던져 양동이에 넣으려 시도한다.

5 이번엔 ①~④를 시계 반대 방향으로 되풀이한다.

· **저난도** 아이가 회전하는 의자에서 공을 던지지 않는다. 그 대신, 느린 속도로 의자를 10바퀴 돌리고 나서 의자를 멈춘 뒤 공을 던진다. 의자를 반대 방향으로도 돌려주는 걸 잊지 말길. 단, 아이가 어지럽지 않게 쉬었다가 한다.

· **고난도** 아이가 회전하는 의자에서 공을 던지려 할 때, 어른이 양동이를 들고 돌아다닌다. 이동하는 목표물이 되는 거다.

· **아기를 위한 보너스 활동** 아기를 무릎에 앉힌 채 회전의자에 앉는다. 시계 방향으로 천천히 5바퀴를 돌고, 시계 반대 방향으로 천천히 5바퀴를 돈다.

· **추가로 활용되는 감각** 시각

무한 저 너머로

1   2   3~4

설명 무한한 공간 저 너머로(《토이 스토리》 속 버즈의 대사다)! 이 활동은 실제로 〈토이 스토리〉에서 영감을 받은 건 아니지만, 아이들에겐 그렇다고 얘기해도 좋다. 발달에 아주 좋은 활동이다.

- 준비물 -테이프나 분필
  -자전거, 스쿠터 또는 스쿠터 보드
  -헬멧
- 필요 공간 넓은 공간
- 필요 시간 15~20분
- 놀이 준비 앞마당에 분필로 크게 무한 기호를 그린다. 혹은 집 안에 넓은 공간이 있다면 마스킹 테이프로 바닥에 무한 기호를 만든다.

스크린 육아에서 벗어나는 8감 발달 놀이

1 아이가 헬멧을 쓰고 준비한다.

2 아이가 선택한 기구(자전거, 스쿠터, 스쿠터 보드)를 타고 무한 기
호의 중심에 선다.

3 탈것에 올라 무한 기호를 따라 움직인다. 균형을 잃거나 선에
서 벗어나지 않도록 한다.

4 ①~③을 할 수 있는 만큼 되풀이한다.

· **저난도** 무한 기호를 따라 자전거를 타는 대신 걷는다.

· **고난도** 선을 따라 뒤로 걷는다.

· **아기를 위한 보너스 활동** 걷기 시작한 아기의 손을 부드럽게 잡고 무한
기호를 따라 천천히 걷는다.

· **추가로 활용되는 감각** 실행 기능

실내 빗자루 스케이트

1~2   3~4

 설명   비가 와서 집 안에 갇힌 날에 도전 정신을 불태울 수 있는
활동이다.

- 준비물   −작은 공 8~10개

            −원뿔 4개 또는 골대 2개를 표시할 다른 물건

            −아동용 빗자루 혹은 하키 스틱과 헬멧(아이마다 1개씩)

            −커피 필터 또는 종이 접시(아이마다 2개씩)

            −면도 크림 또는 미스터버블 거품비누(선택사항)

- 필요 공간   넓은 공간

- 필요 시간   35~40분

- 놀이 준비   아이가 양발로 종이 접시나 커피 필터를 밟고 선다. 방의 양
쪽 벽에 골대 2개를 세운다. 놀이공간 가운데 공 8~10개를
뿌려 둔다. 1대 1로 하는 게 좋지만 혼자서도 할 수 있는 놀
이다(아이가 모든 공을 한쪽 골대에 넣게 하면 된다).

스크린 육아에서 벗어나는 8감 발달 놀이

- **선택사항** 더 재미있게 하려면 면도 크림을 뿌려 바닥을 미끄럽게 만든다. 생각보다 미끄러울 수 있으니 조심해야 한다. 본격적으로 놀이를 시작하기 전에 면도 크림을 소량 뿌려서 바닥이 상하지 않는지 확인한다.

놀이 방법

1 아이가 헬멧을 쓴다. 스케이트 대신 커피 필터나 종이 접시를 밟고 선다.

2 아이들을 두 팀으로 나누고 골대를 배정한다.

3 두 팀이 서로 마주 보고 놀이 공간 중앙에 선다.

4 빗자루나 하키 스틱을 들고 종이 접시로 '스케이트'를 탄다. 넘어지지 않으면서 최대한 많은 공을 상대편 골대에 넣는다.

5 ①~④를 원하는 만큼 되풀이한다.

- **저난도** 빗자루나 하키 스틱 대신 발로 공을 찬다.
- **고난도** 공을 하나만 써서 전통 하키처럼 경기한다.
- **아기를 위한 보너스 활동** 바닥에 면도 크림을 뿌리고 아기가 그 위로 기어가게 한다. 단, 면도 크림을 입에 넣지 않도록 주의할 것.
- **추가로 활용되는 감각** 고유 수용성 감각, 실행 기능

DIY 밸런스 보드 고리 던지기

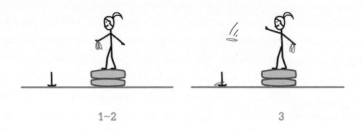

1~2   3

설명 밸런스 보드는 균형을 연습할 때 매우 유용하다. 그렇다고 꼭 그럴듯한 기성품을 사지 않아도 된다. 집에 있는 물건으로도 쉽게 대체할 수 있으니!

- **준비물** -커다란 소파 쿠션(1~2개)

  -키친타월 홀더

  -고리(키친타월 홀더에 걸 수 있는 크기). 혹은 종이 접시 가운데 부분을 잘라내서 직접 만들어도 좋다.

- **필요 공간** 좁은 공간(단, 아이가 넘어졌을 때 다치지 않도록 주변을 깨끗이 치워두자)

- **필요 시간** 10~15분

- **놀이 준비** 바닥에 쿠션을 둔다(쿠션 2개를 쌓으면 균형 잡는 게 더 어려워진다). 키친타월 홀더를 쿠션에서 60~120cm 거리에 둔다.

스크린 육아에서 벗어나는 8감 발달 놀이

1 아이가 쿠션 위에 선다.

2 넘어지거나 손으로 땅을 짚지 않도록 균형을 잡는다.

3 균형을 잡은 채 고리를 던져 키친타월 홀더에 건다(일반적인 고리 던지기 놀이와 똑같다).

4 ①~③을 반복한다.

• **저난도** 아이가 균형을 잡은 채로 벽과 같이 단단한 표면에 손을 댈 수 있게 한다.

• **고난도** 아이가 쿠션 위에서 균형을 유지하며 바닥에 있는 고리를 집어서 던지게 한다.

• **아기를 위한 보너스 활동** 쿠션 없이, 아기가 키친타월 홀더에 고리를 끼우게 한다. 익숙해지면 밸런스 보드나 소파 쿠션을 넘어 기어가서 키친타월 홀더에 고리를 끼우게 한다.

• **추가로 활용되는 감각** 시각

재미난 그네

설명 그네는 아이들의 전정 감각을 자극할 훌륭한 수단으로 활
용 방법도 다양하다. 틀에서 벗어나 다양한 놀이법을 함께
생각해 보자.

- 준비물 − 놀이터 그네 또는 마당 그네
  − 공이나 콩주머니, 과녁(선택사항)
- 필요 공간 마당이나 놀이터
- 필요 시간 15~20분
- 놀이 준비 그네만 있으면 다른 준비는 필요 없다.

놀이 방법

1 아이가 그네에 배를 대고 엎드린다. 그 상태로 최대한 앞으로
   달려간 다음, 발을 든다. 발을 뗀 채 그네를 타고, 나는 것처럼
   앞뒤로 움직인다.
2 그네에 앉은 채 가능한 한 빠르게 회전한다. 줄이 꼬여도 괜찮
   다. 그네에 앉아 있으면 저절로 줄이 풀린다. 줄이 풀리면 반대
   방향으로도 회전한다.

3 그네에 서서 균형을 잡고 앞뒤로 발을 구른다.

4 말을 타듯이 그네에 옆으로 앉아 그네를 탄다.

- **저난도** 아이가 그네에 앉으면 어른이 밀어 준다. 전통적인 방법이다.
- **고난도** 그네 앞에 과녁을 만들어 그네에 앉은 채 공이나 콩주머니를 던진다. 과녁 대신 부모가 서 있으면서 아이가 던진 공을 부모가 받는 것도 좋다.
- **아기를 위한 보너스 활동** 아기를 적당한 크기의 그네에 앉히고 부드럽게 밀어 준다.
- **추가로 활용되는 감각** 고유 수용성 감각, 실행 기능

비치볼 배트

1   2

설명 비치볼이 여름용 장난감이라고? 꼭 그런 건 아니다. 이 놀
이에선 1년 내내 활용할 수 있다.

- **준비물** -끈이 달린 비치볼(혹은 풍선)

  -소파 쿠션

- **필요 공간** 넓고 탁 트인 공간

- **필요 시간** 5분

- **놀이 준비** 천장이나 문간에 비치볼을 매단다. 야외라면 나뭇가지에
  매달아도 좋다. 소파 쿠션 하나를(더 어렵게 하려면 2개 이상)
  비치볼에서 15cm 떨어진 위치에 둔다.

스크린 육아에서 벗어나는 8감 발달 놀이

놀이 방법

1 아이가 쿠션 위에 선다.

2 균형을 잡은 채로 공을 쳐서 공이 앞뒤로 움직이게 한다.

• 저난도 쿠션을 사용하지 않고 바닥에 선다.

• 고난도 ABC 송이나 다른 노래를 부르며 공을 친다.

• 아기를 위한 보너스 활동 공을 바닥 가까이에 매달고, 아기가 앉은 상태에서 공을 앞뒤로 치게 한다.

• 추가로 활용되는 감각 시각, 고유 수용성 감각

재미난 미끄럼틀

설명 미끄럼틀에서 내려오는 방법이 단 하나뿐일까? 우리 함께 다른 방법도 찾아보자.

- **준비물** 놀이터 미끄럼틀 또는 마당용 미끄럼틀
- **필요 공간** 놀이터 또는 마당
- **필요 시간** 5분
- **놀이 준비** 미끄럼틀만 있으면 다른 준비는 필요 없다.

놀이 방법

1 아이가 미끄럼틀 꼭대기로 올라간다.
2 머리를 아래 방향으로 한 채 미끄럼대에 등을 대고 눕는다.
3 등을 대고 거꾸로 내려온다. 어른이 아래에서 받아준다.

- **저난도** 아이가 미끄럼틀에 앉아서 엉덩이를 대고 내려온다.
- **고난도** 아이가 눈을 감고 미끄럼틀에서 (안전하게) 내려온다.
- **아기를 위한 보너스 활동** 아기를 무릎에 앉히고 같이 미끄럼틀을 탄다.
- **추가로 활용되는 감각** 실행 기능

스크린 육아에서 벗어나는 8감 발달 놀이

전정 감각을 위한 추가 활동

아이를 즐겁게 하면서 몸을 깨울 수 있는 큰 움직임이 무엇인지 생각해 보자. 제일 좋은 방법은 공원으로 향하는 것이다. 거창한 준비는 필요 없다!

마당 및 야외 놀이

- 자전거 타기
- 짐볼에 앉아 위아래로 몸 튕기기
- 체조
- 아이스 스케이팅
- 롤러코스터 타기
- 유아용 스쿠터 타기
- 그네 타기
- 트램펄린 타기

보드게임 및 기타 놀이

- 빌리보
- 싯앤스핀
- 원목 밸런스 보드

3장

✖

신체 지각 올리기

고유 수용성 감각

생떼를 부리는
아이를 위한 솔루션

앞서 설명했듯, 전정 감각을 사용해 크고 빠르게 움직이는 활동을 한 다음에 고유 수용성 감각을 자극하는 활동을 하면 유용하다. 전정 감각은 강렬한 자극을 주어 아이의 각성 수준을 올리는 반면 (이때 난폭한 행동을 하는 아이들도 있다), 고유 수용성 감각은 아이들을 진정시키며 잠자리에 들거나 등교하거나 식료품점에 가기 위해 몸을 준비하도록 돕는다. 전정 감각 시스템이 움직임 및 중력과의 관계를 관장한다면, 고유 수용성 감각 시스템은 신체에 대한 지각과 우리가 환경과 맺는 관계를 관장한다.

고유 수용성 감각 시스템은 협응, 신체 지각, 힘 조절(공을 던지거나 남을 껴안거나 하이파이브를 할 때 힘을 너무 세지도 약하지도 않게 적당히 주는 것)에 영향을 미친다. 더불어 전정 감각 시스템과 긴밀히 협동하여 아이가 자세를 통제하고 균형을 잡도록 돕는다. 환경을 탐색하려면 건강한 고유 수용성 감각이 필요한데, 예를 들어 이 감각은 아이들이 놀이터에서 놀이기구나 다른 아이들과 부딪치지 않고 달릴 수 있도록 돕는다. 야구를 할 때 공을 적절한 세기로 던지도록 하는 것은 물론 아침에 옷을 갈아입을 때도 고유 수용성 감각이 사용된다.

고유 수용성 감각은 내가 제일 좋아하는 감각이기도 한데, 여기에는 우리를 편안하게 이완시키는 강력한 힘이 있다. 특히 이 감각(우리는 부모들에게 밀거나 당기는 운동 혹은 근육에 힘을 주는 운동이라고 설명한다)은 우리가 과잉 자극을 받았을 때 중심을 잡도록 도와준다. 이건 어떤 상황에서 통제력을 되찾도록 자기 자신을 꼭 안아주는 것과 비슷하다. 실제로 누군가를 꼭 껴안는 행위는 고유 수용성 감각을 자극한다.

이것은 내가 자주 사용하는 감각이기도 하다. 코로나바이러스가 창궐한 시기의 어느 밤, 새벽 4시에 눈이 떠지더니 잠이 달아나 버렸다. 나는 남들에게 건넨 조언대로 몸을 깊게 누를 자극을 찾아 나섰다(이는 엄밀히 말해 고유 수용성 감각을 자극한다기보다는 몸에 중심을 잡아 주는 활동이지만 여기선 깊이 설명하지 않겠다). 나는 집에 있는 두꺼운 담요를 모조리 꺼내 침대로 가져와선 내 몸 위에 덮었다. 그리고 잠시 뒤척이다가 금세 잠이 들었다. 다음 날 나는 마트에 들려 일부러 묵직하게 만들어진 담요를 샀다. 몇 년 전만 해도 이런 담요는 특정 가게에서만 살 수 있었지만, 요새는 시중에서 쉽게 구할 수 있다. 그날 이후 나는 매일 이 담요를 덮고 잔다. 엄마에게 이불을 덮고 있는 나를 힘껏 눌러 달라고 부탁했던 유년기 이래 처음으로 수면에 도움이 되는 도구를 찾은 것이다. 아이들에게는 몇 년 동안 조언해 온 방법인데 나 자신은 왜 이제야 시도해 본 걸까, 그게 유일한 의문이다.

내 경험담은 별나지 않다. 진정하는 데 어려움을 겪는 아이들에게 고유 수용성 감각 활동은 구원과 같다. 쪽쪽이를 빠는 아이는 진정하기 위해 고유 수용성 감각을 사용하고 있다. 나를 포함해 많은 어른이 어떤 일에 집중할 때 연필 꽁무니를 잘근잘근 씹거나 입술을 깨무는 것도 같은 이유에서다. 최근 우리 센터는 어느 부모에게 이메일을 받았는데, 생떼를 부리던 아들이 자기 조절 능력을 갖출 수 있도록 도와줘서 고맙다는 내용이었다. 아들이 고유 수용성 감각을 자극하는 도구(다리 위로 무거운 공을 굴리거나 조용한 공간에서 시간을 보내는 방법)들을 스스로 사용하기 시작했고, 생떼를 부려 하루를 망치기 전에 스스로 진정한 것을 무척 자랑스러워했다고 한다. 부모도 아이가 대견했을 것이다.

진정효과를 주는 도구들

아이들이 일과 중 필요할 때마다 밀거나 당기는 운동을 할 수 있도록 우리 센터에서 활용하는 도구들을 소개한다. 몸을 한시도 가만히 두지 못하는 아이라면, 등교할 때 다음의 도구를 들려 보낸다. 교실에도 이런 도구들이 준비되어 있으면 좋을 듯하다. 누구에게나 일과 중한 번씩은 진정하고 집중해야 하는 순간이 있기 마련이다. 우리는 아이들에게 이 도구들을 단순히 장난감처럼 사용하면 진정하는 데 도움이 되지 않는다고 미리 알려준다. 예를 들어, 이렇게 말한다. "네 도구가 지금 너를 돕지 못하는 것 같구나. 네 몸을 더 잘 도와줄 도구로 바꿔 보면 어떻겠니?"

• **무릎에 올려두거나 다리 위로 굴릴 묵직한 공**

  나는 무게가 있는 봉제 인형보다 부드러운 필라테스 공을 선호한다. 봉제 인형은 장난감 같아서 아이의 집중력을 흐트러뜨리지만, 공은 장난감 같은 느낌이 덜하기 때문이다.

• **꽉 쥐거나 잡아당겨 늘릴 수 있는 테라퓨티**(재활 찰흙)

• **말랑이 공**

  잡아당겨 늘릴 수 있는 것이면 더 좋다.

• **운동용 밴드**

  의자 다리에 밴드를 묶은 다음 그 밴드에 발을 걸고 앉는다. 만약 바닥에 앉는다면, 무릎을 굽힌 채 밴드에 무릎과 발을 건 다음 발로 밴드를 민다.

• **늘어나는 스트링 피젯**string fidget(멍키 누들)

• **연필 꽁무니에 끼우고 씹는 장난감**

• **씹을 수 있는 펜던트가 달린 목걸이**

• **탱글 브레인툴즈**tangle braintools

스크린 육아에서 벗어나는 8감 발달 놀이

- **집게 핀**

  나는 회의 때마다 집게 핀을 챙긴 후 무릎께에서 집게 핀으로 손가락을 누르고 있다. 이 도구는 유년기 어린이들에게도 적합하다.

고유 수용성 감각 시스템은 어떻게 작동할까

우리 몸의 근육과 피부, 관절에는 우리의 움직임을 감지하는 특별한 수용기들이 있다. 이러한 수용기들은 피부에 가해지는 압력이나 근육의 신장으로 활성화되어 신경계로 신호를 보내고, 신경계에서는 반응을 일으킨다. 아이가 부모와 하이파이브를 할 때, 팔의 움

고유 수용성 감각 시스템

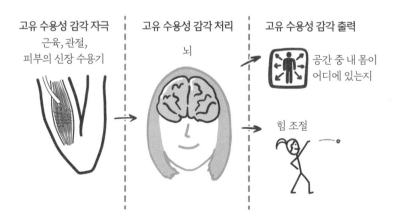

고유 수용성 감각 자극 | 고유 수용성 감각 처리 | 고유 수용성 감각 출력
근육, 관절, 피부의 신장 수용기 | 뇌 | 공간 중 내 몸이 어디에 있는지

힘 조절

직임에 따라 근육이 신장되어 고유 수용성 감각이 활성화된다. 그 덕분에 아이는 자기 손이 공중 어디에 있는지 알고 움직여서 부모의 손과 맞댈 수 있다(혹은 맞대지 못할 수도 있다). 이것이 우리가 고유 수용성 감각 자극을 밀거나 당기는 자극이라고 부르는 이유다. 어른들의 근력 운동과 비슷한 이런 움직임은 아이들의 근육에 힘을 가한다. 기어오르기, 요가, 무거운 책이나 물건을 옮기는 활동들이 전부 여기에 해당한다.

고유 수용성 감각 시스템은 아이가 자신의 몸이 환경에서 어느 위치에 있는지 지각하고, 안전하게 운동 계획(움직임의 경로를 결정하고 공간을 탐색하는 것)을 세우는 데 도움이 된다. 친구에게 인사를 하려고 놀이터를 가로질러 가는 아이는 흔들리는 그네나 다른 아이와 부딪치지 않으면서 친구에게 향할 가장 안전한 최선의 경로를 찾아야 한다. 보도블록이 깨졌거나 발밑에 돌이 있으면 지형의 변화에 맞추어 근육을 조절해야 한다. 이렇게 고유 수용성 감각 시스템은 아이들이 무언가에 부딪혀 넘어지거나 균형을 잃지 않도록 걷는 방식을 바꾸게 한다.

"그릇 가게의 황소 같다"라는 표현이 있다. 서문에서 소개한 타일러가 바로 그런 아이였다. 타일러는 쉴 새 없이 움직이고 가구나 동생의 몸 위에 올라가서 뛰어내릴 뿐만 아니라 움직임이 서툴고 대부분의 운동을 어려워했다. 아이들이 이런 모습을 보이는 건, 자기 몸이 공간 중 어디에 있는지를 잘 알아차리지 못해서일 때가 많다. 고유 수용성 감각 시스템이 잘 작동하지 않는 것이다.

이 감각이 잘 발달한 아이는 자신감이 있다. 조정력이 좋고, 더 쉽고 우아하게 움직일 수 있어서 놀이에 편안하게 참여한다. 고유 수용성 감각에 관해 생각할 때 나는 종종 운동선수들을 떠올린다. 그들은 환경 내에서 자신이 어느 위치에 있는지 놀라운 감각으로 인지하고(나처럼 매일 발가락을 어딘가에 찧지 않는다), 그 덕분에 자신감이 있으며 처음 해보는 활동에도 망설임 없이 도전한다.

미식축구 선수 톰 브래디와 나를 같은 방에 (예를 들어, 비가 온 다음 날 레고 블록으로 쑥대밭이 되어 있는 놀이방에) 넣고 장애물 경주를 시킨다면, 나는 여기저기에 발가락을 찧고 멍투성이가 되겠지만 톰은 레고 블록을 1개도 밟지 않고 방을 빠져나올 게 분명하다. 운동 능력만 봐도 톰 브래디는 다른 사람들보다 조정력이 뛰어나며 자신의 몸이 다른 물건들과의 관계에서 어느 위치에 있는지를 잘 안다. 다시 말해, 그의 고유 수용성 감각은 훌륭하게 작동하고 있다.

이 감각은 또한 우리가 적절한 세기의 힘으로 몸을 움직이거나 물건을 만질 수 있도록 돕는다. 보지 않고도 몸의 위치를 알고, 간식을 입에 넣거나 놀이기구에 기어오를 수 있는 건 전부 고유 수용성 감각 덕분이다. 지금 당신에게 한 가지 행동을 요청하려 한다. '단순한' 놀이처럼 들릴지 모르겠지만, 실은 고유 수용성 감각 시스템을 평가하는 방법이다. 눈을 감고 검지로 코를 만져 보자. 자, 당신의 아이가 할 수 있을까? 고유 수용성 감각이 잘 발달한 사람이라면 눈을 감고 코끝을 정확히 만질 수 있다!

이 감각이 잘 발달하지 않은 아이는 움직임이 서툴고 놀이터에서 노는 걸 어려워할 것이다. 집이나 교실에서도 물건에 부딪히거나 물건을 망가뜨리지 않고 돌아다니는 게 어려울 것이다. 달걀을 주면 너무 꽉 쥐어서 깨뜨리고, 입 안에 음식을 지나치게 많이 넣거나 공을 너무 약하게 차서 골대까지 보내지 못하고, 클라이밍이나 무술 동작을 하지 못할 것이다. 가까이에 무언가 있다는 걸 인식하지 못해 식탁에 부딪히거나 다른 사람의 음료를 쏟아서 놀림을 받거나 따돌림을 당할지도 모른다. 새로운 기술을 습득하기 위해 끊임없이 노력하는 일도 힘들 것이고, 어려운 과제를 맡게 되면 성을 내거나 신체를 지각해야 하는 새로운 활동을 아예 거부할지도 모른다. 고유 수용성 감각이 약한 아이들은 지나치게 거칠다는 꼬리표가 붙기도 한다. 이 모든 것이 교우 관계와 학업에 부정적인 영향을 준다.

고유 수용성 감각은 아이가 교실에서 읽고, 오리고, 돌아다니고, 소근육을 사용하는 능력을 뒷받침한다. 공개 수업을 준비 중인 조세피나의 교실을 상상해 보자. 아이들이 자화상을 그리고 있다. 조세피나는 자신의 신체 부위들이 어디에 있는지를 알아야 (예를 들어, 팔이 몸통에 달려 있다는 것을 알아야) 자신을 닮은 그림을 그릴 수 있다. 부모에게 보여주기 위해 작품을 벽에 걸려면, 조세피나는 책상에 부딪히지 않고 교실 뒤까지 걸어야 한다.

고유 수용성 감각은 다음을 위해 꼭 필요하다.

신체 지각: 자신의 몸을 잘 이해하는 사람은 공간 지각력이 좋다. 신체 지각은 생각보다 많은 영역에 영향을 미친다. 예를 들어, 글씨

스크린 육아에서 벗어나는 8감 발달 놀이

를 쓸 때 연필을 똑바로 잡으려면 눈으로 보지 않고도 손가락을 지각해야 한다.

움직임의 세기: 하이파이브를 하든 공 던지기를 하든, 어떤 행동을 할 때는 어느 정도의 힘이 적절한지 아이가 이해해야 한다. 움직임의 세기를 조절하는 능력은 특히 집 안에서 공을 던질 때나 쉽게 부러지는 크레용으로 글씨를 쓸 때 중요하다.

자기 조절: 지금껏 고유 수용성 감각에는 아이가 평정을 찾게끔 하는 특별한 능력이 있다고 설명했다. 그러나 어떤 아이들의 경우, 스스로 진정하기 위해 고유 수용성 감각을 사용하는 모습이 공격적으로 보일 수 있다. 모순처럼 들리겠지만 사실이다. 고유 수용성 감각 자극을 얻고 진정하거나 집중하기 위해 친구나 가족을 깨물거나 손을 꽉 쥘 수 있기 때문이다. 안타깝게도 그런 수단을 사용하는 바람에 친구들이 달아나 버리고, 교사나 부모와의 관계에도 문제가 생길 수 있다.

고유 수용성 감각 시스템에는 아이를 진정시키는 힘이 있다. 학교에서나 차분히 있어야 하는 상황에서 집중하도록 돕는다. 일상에 고유 수용성 감각 활동을 더한다면, 가족 모두에게 이로울 것이다 (특히, 자기 전이나 명절, 생일파티 같은 행사 후에 하면 도움이 될 것이다).

운동 계획과 조정력: 고유 수용성 감각은 신체 지각, 공간 지각, 움

직이는 타이밍 결정, 힘을 조절하는 기반이므로 운동 계획과 조정에 큰 영향을 준다. 고유 수용성 감각이 약한 아이는 조정력도 약하기 마련이다.

고유 수용성 감각의 주요 기능

고유 수용성 감각 구별: 이 감각의 자극을 잘 구별하지 못하는 아이에게는 술래잡기나 박수 놀이가 어렵다. 의도하지 않았는데 문을 쾅 닫는다거나 다른 사람을 지나치게 꽉 안을 수 있다. 몸을 쓸 때 힘을 많이 주는 것과 적게 주는 것의 차이를 느끼지 못하기 때문이다. 두 발의 위치를 눈으로 확인하지 않고서는 사다리를 오르지도 못한다. 발이 사다리와의 거리에서 어디에 있는지 알려주는 신체 지각력이 부족하기 때문이다.

고유 수용성 감각 조절: 어떤 아이들은 주변의 물체와 관련해 자신의 위치를 파악하기 위해 밀거나 당기는 운동이 필요하다. 고유 수용성 감각 자극에 대한 반응성이 떨어져 자신의 몸이 공간 중 어디에 위치하는지 이해하기 위해 더 많은 자극이 필요한 아이들이다. 이러한 아이들은 또래에 비해 서툴러 보일 수 있고, 놀이터에서 다른 아이들과 어울리는 일을 어려워할 수 있다. 이 감각을 조절하는 데 어려움을 겪는 아이는 거친 몸 놀이를 좋아하거나 남을 깨물고

스크린 육아에서 벗어나는 8감 발달 놀이

민다. 또한 까치발로 걷거나 포옹할 때 상대를 지나치게 꽉 껴안는다. 이러한 행동은 모두 남에게 공격적으로 보일 수 있어 문제를 일으킬 가능성이 크다.

빨래 이어달리기

| 설명 | 일과 중 생일파티를 비롯해 흥분되는 행사가 있었거나 아이가 잠자리에 들지 않으려 할 때 권하고 싶은 활동이다(집안일을 끝낼 수 있다는 장점 또한 있다). |

- 준비물　-빨래 바구니 2개
　　　　-옷
　　　　-타이머
- 필요 공간　중간 크기의 공간
- 필요 시간　5~15분
- 놀이 준비　방 한쪽 편에 옷(또는 인형, 공룡 장난감 등)을 산더미처럼 쌓아두고, 그 반대편에는 빨래 바구니를 둔다. 세탁기를 돌릴 예정이라면, 아이가 빨래 바구니에서 세탁할 옷을 꺼내 세탁기에 넣도록 해도 좋다. 묵직한 물건을 들어 올리는 행동은 아이가 진정하는 데 도움이 된다!

놀이 방법

1　옷더미가 든 바구니 반대편에 빈 빨래 바구니를 둔다.
2　몇 가지 물건을 바닥에 두고, 아이가 피해야 할 장애물로 삼

는다.

3 아이에게 옷더미를 모두 옮길 때까지, 아니면 정해진 시간이

끝날 때까지 빨래 이어달리기를 하자고 제안한다.

4 타이머를 누르면 아이가 옷더미에서 옷을 집는다.

5 아이는 장애물(소파, 식탁, 바닥에 놓인 장난감 등)을 피해 가능한

한 빨리 목적지로 향한다.

6 목적지에 도착하면 빨래 바구니에 옷을 담는다.

7 ①~⑥을 반복한다.

• **저난도** 빨래 대신 봉제 인형처럼 가벼운 물건을 사용하고, 바닥에는

장애물을 두지 않는다.

• **고난도** 빨래 대신 무거운 공을 사용하고, 아이가 방향을 더 자주 바꿔

야 하도록 장애물을 이용해 구불구불한 경로를 만든다.

• **아기를 위한 보너스 활동** 걷기 시작한 아기는 한 바구니에서 다른 바구

니로 물건을 옮길 수 있다. 한 번에 하나씩, 가벼운 물건부터 시작하면 된

다. 걸음마 보조기를 사용하고 있다면 무언가를 밀면서 걷는 활동을 통해

고유 수용성 감각을 발달시킬 수 있다.

• **추가로 활용되는 감각** 실행 기능

핫도그 놀이

1~2   3~4   5   6

설명　부모와 아이의 유대감을 강화하는 놀이로, 아이가 진정하는 데도 도움이 된다. 이 활동을 통해 자기 몸이 공간 중 어디에 있는지 지각하는 감각을 키울 수 있다.

- **준비물**　－담요, 목욕 수건, 비치타월
　　　　　　－베개
- **필요 공간**　작은 공간
- **필요 시간**　5~15분
- **놀이 준비**　평소에 사용하는 이불과 베개면 충분하다.

1 아이에게 귀여운 소시지처럼 보인다고 장난스럽게 말을 건다.

2 그러면서 소시지를 빵에 끼워 보자고 말한다. 아이를 이불 위에 눕히고 커다란 속싸개처럼 아이를 감싼다.

4 토핑을 얹을 차례! 어떤 토핑이 좋은지 아이에게 묻는다. 피클? 케첩?

5 토핑을 하나씩 얹을 때마다 아이의 몸을 꼭 끌어안는다.

6 "이제 소시지를 풀어 주자!"라고 외치면서 아이에게 이불을 풀고 나오라고 한다.

• **저난도** 아이를 이불로 완전히 감싸지 않고, 추울 때처럼 덮어주기만 한다.

• **고난도** 핫도그 놀이를 마치면 다른 음식 놀이도 시도해 본다. 상상력을 발휘해 보자! 피자, 부리토, 타코는 어떨까?

• **아기를 위한 보너스 활동** 어린 아기와도 똑같은 놀이를 할 수 있다. 단지 강도만 약하게 하면 된다. 베개는 빼고, 아기 이불을 사용하자!

• **추가로 활용되는 감각** 촉각

팔짝팔짝 개구리

설명 내가 어릴 적 좋아했던 게임 프로거Frogger에서 영감을 얻었다. 아이의 고유 수용성 감각에 자극을 주는 동시에, 지칠 때까지 배를 잡고 웃게 만드는 활동이다.

- **준비물** 부드러운 공 여러 개
- **필요 공간** 넓은 공간
- **필요 시간** 10~15분
- **놀이 준비** 공을 바구니에 담으면 끝이다!

놀이 방법

1 아이가 방 한쪽 끝에서 손을 바닥에 대고, 개구리처럼 쪼그리고 앉는다.
2 어른은 공을 담은 바구니를 들고 아이의 반대쪽 끝에 선다.
3 아이가 앉아 있는 방향으로 공을 굴린다.
4 아이가 굴러오는 공을 피해 어른이 있는 쪽으로 뜀뛰기를 해서 이동한다. 개구리처럼 다리 사이에 손을 짚고 몸을 낮추었다가 발을 떼고 높이 뛰도록 격려한다.

스크린 육아에서 벗어나는 8감 발달 놀이

- 저난도   공을 하나씩 굴린다.
- 고난도   아이가 공을 피해 게걸음으로 방을 가로지른다.
- **아기를 위한 보너스 활동**   공을 굴려서 주고받는 놀이를 한다. 또는 공을 아기 몸에 댄 다음 아기가 가능한 한 빠르게 기거나 걷거나 뛰어서 달아나게 한다. 아기를 잡으면 꼭 안아주고 뽀뽀해 준다.
- **추가로 활용되는 감각**   시각, 전정 감각, 실행 기능

버블 팝

1   2   3

설명   아이들은 뽁뽁이를 아주 좋아한다. 다행히 뽁뽁이로 할 수
있는 놀이는 다양하다. 뽁뽁이를 재활용하는 방법으로도
훌륭하다!

· **준비물**   -짐볼
              -뽁뽁이

· **필요 공간**   중간 크기의 공간

· **필요 시간**   5~15분

· **놀이 준비**   짐볼 앞에 뽁뽁이를 놓는다.

1 아이가 짐볼에 배를 대고 엎드린 다음, 손바닥으로 바닥을 짚는다.

2 손으로 '걸어서' 뽁뽁이를 향해 간다.

3 짐볼 위에서 균형을 잡은 채 손으로 뽁뽁이를 터뜨린다.

4 뽁뽁이를 전부 터뜨릴 때까지 ①~③을 반복한다.

・저난도 뽁뽁이를 바닥에 두고 그 위에 올라 제자리 뛰기를 해서 터뜨린다.

・고난도 아이가 균형을 잡고 힘을 쓰도록 뽁뽁이를 짐볼에서 더 멀리 둔다.

・아기를 위한 보너스 활동 짐볼은 뺀다. 기거나 걷기 시작한 아기에게 뽁뽁이를 발로 터뜨리게 한다. 제자리 뛰기를 시작했을 때 하면 더 좋다.

・추가로 활용되는 감각 촉각, 전정 감각, 청각

꿈틀꿈틀 애벌레

1~2 3 4

설명　애벌레를 침대에서 재빨리 탈출시키자.

- **준비물**　침대
- **필요 공간**　작은 공간
- **필요 시간**　5~10분
- **놀이 준비**　침대 커버를 매트리스 측면 양쪽에 끼운다. 단, 매트리스의
  머리와 발 부분에는 끼우지 말고 약간의 여유 공간을 두어
  작은 터널을 만든다.

1 아이에게 춤추기를 좋아하는 애벌레로 변신해 보자고 말한다.

2 아이에게 침대 발치의 구멍을 보여주고, 몸을 꿈틀 움직여서
   가능한 한 빠르게 터널을 빠져나오라고 말한다.

3 아이가 침대 발치의 구멍으로 들어가서 몸을 꿈틀거리며 가능
   한 한 빠르게 터널을 빠져나온다.

4 ①~③을 반복한다.

• **저난도** 침대 커버를 매트리스 양쪽에 끼우지 않고 그냥 얹어만 놓는다.

• **고난도** 침대 발치의 매트리스에도 커버를 끼운 다음, 아이가 직접 빼
  내서 터널에 들어가게 한다.

• **아기를 위한 보너스 활동** 침대 대신 소파 쿠션을 사용하자. 아기가 쿠션
  을 타고 올라가게 한다.

• **추가로 활용되는 감각** 실행 기능, 촉각

우리만의 요새

설명   어렸을 적, 눈 오는 날이면 이 놀이를 했다. 이젠 명맥이 끊겨 가는 듯하지만, 모든 아이에게는 거실을 어지르며 요새를 쌓을 권리가 있다.

- · **준비물**   -소파 쿠션
                  -베개
                  -이불
- · **필요 공간**   중간 크기의 공간
- · **필요 시간**   30~45분
- · **놀이 준비**   다른 준비는 필요 없다. 소파 쿠션을 바닥에 쌓아두면 끝이다.

놀이 방법

1 아이가 쿠션 하나를 소파나 다른 가구에 기대 세운다. 요새의 한 벽을 쌓는 것이다.
2 두 번째 쿠션을 다른 물체(예를 들어, 식탁)에 기대 세운다.
3 두 쿠션을 잇는 다리가 되어줄 세 번째 쿠션을 ①과 ②사이에 놓는다.

스크린 육아에서 벗어나는 8감 발달 놀이

4   3개의 쿠션 위에 이불을 덮으면 요새가 완성된다.

5   아이가 쿠션 사이 공간으로 기어들어가 요새 생활을 즐긴다.

· **저난도**   부모가 요새를 거의 쌓은 다음, 아이에게 마지막 쿠션만 세우
게 한다.

· **고난도**   아이에게 요새 쌓는 법을 알려주지 않는다. 상상력을 발휘해
스스로 설계하도록 한다.

· **추가로 활용되는 감각**   실행 기능

물 긷기

1   2   3   4

설명   뜨거운 여름날, 수영복 차림으로 할 수 있는 활동이다. 아
이스크림 가게에 다녀온 뒤 들뜬 아이를 진정시킬 훌륭한
방법이기도 하다.

• **준비물**   -큰 양동이 또는 빈 쓰레기통(아이마다 2개씩)

   -들통(아이마다 1개씩)

• **필요 공간**   넓은 공간

• **필요 시간**   10~15분

• **놀이 준비**   큰 양동이에 물을 가득 채우고 마당 한쪽 끝에 둔다. 반대쪽
끝에는 빈 양동이를 둔다.

1 아이가 들통을 하나씩 들고 물이 찬 양동이 옆에 선다.

2 아이가 양동이에 든 물을 들통으로 긷는다.

3 아이가 가능한 한 빠르게 마당을 가로질러 달려서 빈 양동이
   에 들통의 물을 붓는다. 단, 물을 흘리지 않도록 주의할 것!

4 들통이 비면 물이 찬 양동이로 돌아가 다시 물을 길어 옮긴다.

5 물을 가장 많이 길은 사람이 이긴다.

• **저난도** 들통을 들고 달리지 않아도 되도록 양동이 2개를 나란히 둔다.

• **고난도** 시간제한을 둔다. 5분 동안 물을 전부 길을 수 있을까?

• **아기를 위한 보너스 활동** 아기들은 용기를 가지고 노는 걸 좋아한다. 작
  은 양동이에 물을 조금 붓고, 그 옆에 빈 양동이를 둔다. 아기에게 컵을
  주고 탐색하게 한다. 물을 약간 길을 수 있겠지만 대부분은 몸이나 바
  닥에 흘릴 것이다. 그래도 괜찮다!

• **추가로 활용되는 감각** 전정 감각

얼음조각 만들기

설명 어느 여름, 캠프장에서 얼음 사탕^{rock candy}을 만들려다가 실패했을 때 얻은 아이디어다. 우리는 사탕 만들기를 포기하고, 색을 낸 물을 쿠키 시트에 부은 다음 굳혀서 큰 조각이 되도록 깨뜨렸다. 아이들이 망치로 사탕을 깨뜨리는 모습을 보면서, 사탕 만들기가 근육을 많이 사용하는 활동이라는 것을 깨달았다.

- **준비물** －물
  －식용색소(나는 자연 유래 색소를 좋아한다)
  －그릇
  －테두리가 있는 쿠키 시트
  －고무망치
- **필요 공간** 작은 공간
- **필요 시간** 10~15분
- **놀이 준비** 그릇에 물과 식용색소를 담고 쿠키 시트에 붓는다. 단단하게 굳을 때까지 냉동실에 두고 얼린다.

1 단단하게 굳은 조각이 담긴 쿠키 시트를 테이블에 놓고 아이를 의자에 앉힌다.

2 아이에게 고무망치를 준다. 손가락이 다치지 않도록 조심하라고 일러준다.

3 아이가 커다란 시트를 깨뜨려 작은 '얼음조각'으로 만든다. 지진이 났거나 누군가 발로 쿵 밟았다는 설정으로 놀이를 해도 좋다.

4 얼음조각을 싱크대에 넣고 물을 튼 다음 녹는 걸 관찰한다.

· 저난도 얼음을 살짝만 얼린다.

· 고난도 얼음에 점을 그리거나 스티커를 붙이고, 아이에게 그 부분을 정확히 내리치게 한다.

· 추가로 활용되는 감각 청각

뚫어뻥 밀기

| 1~2 | 3 | 4 |

설명 '뚫어뻥'은 꼭 배관이 막혔을 때만 사용하는 물건이 아니
다! 이 놀이는 특히 아이들이 재밌어한다.

- **준비물**   -뚫어뻥(새것 혹은 소독한 것)
  -스쿠터 보드
- **필요 공간**   넓은 공간
- **필요 시간**   10~15분
- **놀이 준비**   준비는 필요 없다. 집 안에서 출발점과 도착점만 정하면
  된다.

1 아이가 스쿠터 보드에 앉는다.

2 아이에게 출발점과 도착점을 알려준다.

3 바닥을 밀고 앞으로 나가도록 뚫어뻥을 손에 쥐어 준다. 하기 전 부모가 시범을 보일 수도 있다.

4 부모가 "출발!"이라고 외친다. 아이가 출발점에서 도착점까지 얼마나 빠르게 갈 수 있는지 지켜본다.

• **저난도** 천천히 활동해도 괜찮으니, 아이가 도구를 사용해 앞으로 나아가는 방법을 스스로 터득하게 한다.

• **고난도** 스쿠터 보드에 배를 깔고 엎드린 다음 도구를 사용해 앞으로 나아가게 한다.

• **아기를 위한 보너스 활동** 아기가 잘 걷고 자세를 통제할 수 있게 되면, 스쿠터 보드에 앉히고 발을 써서 돌아다니게 한다.

• **추가로 활용되는 감각** 전정 감각, 실행 기능

옷 바꿔 입기

설명 아이가 부모의 옷을 입고 싶어 한 적이 있다면, 기회를 주자!

- 준비물   -부모의 옷 한 무더기(상하의 모두!)

            -타이머

- 필요 공간 중간 크기의 공간

- 필요 시간 10분

- 놀이 준비 출발점과 도착점을 정한다. 출발점에 옷을 한 무더기 두고,
            도착점에는 종을 둔다. 또는 부모가 도착점에 서 있고, 아이
            가 도착하면 하이파이브를 해도 좋다.

놀이 방법

1 옷 무더기를 출발점에 둔다. 아이가 2명 이상이라면 아이마다
   한 무더기씩 준비해 준다.

2 타이머로 5분을 맞춘다.

3 부모가 "출발!"을 외치면 타이머가 멈출 때까지 아이들이 부
   모의 옷을 가능한 한 많이 껴입는다. 단추가 있으면 단추를 채
   우고, 지퍼가 있으면 지퍼를 올려야 한다.

4 타이머가 꺼지면 아이에게 가능한 한 빠르게 도착점으로 달리

도록 한다(뒤뚱뒤뚱 걸어도 괜찮다).

5 옷을 제일 많이 입은 사람이 승자가 된다.

· 저난도   타이머를 5분이 아니라 10~15분으로 맞춘다.

· 고난도   도착점에 도착하면 출발점에서 입었던 옷을 가능한 한 빠르게

벗게 한다.

· 추가로 활용되는 감각   실행 기능, 촉각

스쿠터 보드 댄스

1 2 3

설명 어린 시절, 집에서 양말을 신고 바닥 위를 미끄러져 다니는
놀이를 해본 적이 있는가? 이 놀이는 영화 〈위험한 청춘〉
속 한 장면(주인공 톰 크루즈가 양말을 신고 슬라이딩 댄스를 추는
장면-옮긴이 주)을 변형한 것이다.

- **준비물** -큰 베개
  -긴 밧줄
  -베갯잇, 스쿠터 보드, 이불 또는 양말
- **필요 공간** 중간 크기의 공간
- **필요 시간** 5~10분
- **놀이 준비** 문을 닫고 문고리에 밧줄을 꽉 묶는다. 어른이 줄을 당겨도
  문이 열리지 않는지 확인한다. 그런 다음 문고리 아래에 베
  개를 놓고, 밧줄 끝에는 베갯잇을 놓는다.

1 아이가 베갯잇 위에 서서 밧줄을 붙잡는다.

2 아이가 밧줄을 잡아당기면서 바닥 위를 미끄러져 가며 천천히 문으로 다가간다.

3 베개에 도착할 때까지 계속 밧줄을 잡아당긴다. 한 손씩 번갈 아 가며 줄을 잡아당기는 것이 제일 좋다.

· 저난도 밧줄은 생략하고, 아이가 베갯잇을 밟은 채 문을 향해 미끄러 져 간다.

· 고난도 부모가 "얼음!"이라고 외치면, 아이들이 움직임을 멈췄다가 다시 밧줄을 잡아당긴다.

· 추가로 활용되는 감각 전정 감각

5마리의 원숭이들

설명 동요 〈5마리의 원숭이들〉Five Little Monkeys)에 맞춰 할 수 있
는 활동이다. 평소의 생활규칙 중 몇 가지를 깨야 할지도
모르지만, 그래서 더 재미있다. 부모가 규칙에 너무 얽매인
나머지 침대에서 뛰는 것과 같은 유서 깊은 놀이를 잊었다
는 생각이 종종 든다.

- **준비물** −커다란 소파 쿠션과 매트
  −침대
- **필요 공간** 작은 공간
- **필요 시간** 5~10분
- **놀이 준비** 침대 주변 바닥에 매트와 커다란 소파 쿠션을 깔아서 아이
  가 침대에서 뛰어내려도 안전한 환경을 만든다. 침대 둘레
  를 전부 쿠션으로 감싸고, 침대 근처에 딱딱하거나 뾰족한
  물건이 없는지 확인한다.

놀이 방법

1 〈5마리의 원숭이들〉 노래를 부르며 아이가 침대에서 뛰도록
  한다.

2 그중에 "한 마리가 떨어졌어요(One fell down and bumped his head)" 부분에서 아이에게 매트와 쿠션을 깔아놓은 착지 공간으로 뛰어내리게 한다. 이때 손을 잡아 주면 더 안전하다.

3 "엄마가 의사에게 전화했더니 '침대에서 뛰면 머리 쿵 해요'(Mommy called the doctor and the doctor said no more monkeys jumping on the bed)" 부분에서 아이를 장난스럽게 몇 번 꼭 안아준다.

4 ①~③을 반복한다. 4마리 원숭이, 3마리 원숭이, 2마리 원숭이, 1마리 원숭이로 가사를 바꿔 부른다. 원숭이가 1마리도 남지 않을 때까지 반복한다.

• **저난도** 아이가 쿠션으로 뛰어내리지 않고, 침대 위에 무릎을 대고 앉는다.

• **고난도** 아이가 뛰어내릴 때 착지자세를 정해서 20초 동안 그 자세를 유지하게 한다.

• **아기를 위한 보너스 활동** 침대와 쿠션을 사용하지 않는다. 아기를 부모의 무릎 위에 앉히고 흔들어 준다. 그러다가 무릎을 벌리고 아기를 잡은 채 다리 사이로 떨어뜨린다.

• **추가로 활용되는 감각** 전정 감각, 청각

거울아, 거울아

설명 아이가 고유 수용성 감각을 활용해 자기 몸의 위치를 알게 되는 활동이다.

- **준비물**   -음악
              -안대
- **필요 공간**   작은 공간
- **필요 시간**   10~15분
- **놀이 준비**   아이에게 안대를 해준다.

놀이 방법

1 아이가 재미있는 자세를 취한다. 선인장처럼 팔을 들어 올리거나 별 모양처럼 팔다리를 쭉 뻗는다.

2 음악을 튼다.

3 아이가 시작 자세에서 벗어나 춤을 춘다.

4 음악이 멈추면 아이는 안대를 한 채로 시작 자세를 다시 취해야 한다.

스크린 육아에서 벗어나는 8감 발달 놀이

- **저난도** 안대를 풀고 한다.
- **고난도** 팔이 아닌 다른 신체 부위도 움직이게 한다. 엎드린 개 자세는 어떨까? 다리를 세모 모양으로 벌리고 한 팔로 땅을 짚은 자세는 어떨까?
- **추가로 활용되는 감각** 청각

3장 신체 지각 올리기

깡충깡충 놀이

1   2   3

설명 어린 시절을 추억하게 하는 활동이다. 비 오는 날 야외에서도 즐길 수 있다.

· 준비물   -콩주머니 또는 작은 공 여러 개

-커다란 베갯잇

· 필요 공간   중간 크기의 공간

· 필요 시간   10~15분

· 놀이 준비   콩주머니나 공을 바닥에 뿌려 둔다(부활절에 하는 보물찾기를 생각하면 된다).

1 '자루 입고 구르기 경주'를 할 때처럼 아이가 베갯잇 안으로 들어간다.

2 부모가 "출발"을 외치면 아이가 바닥 여기저기에 흩뿌려진 콩주머니를 향해 깡충깡충 뛰어간다.

3 아이가 베갯잇에 들어간 채로 콩주머니를 집어서 베갯잇에 담는다.

4 콩주머니를 전부 주울 때까지 ①~③을 반복한다.

• **저난도** 베갯잇은 사용하지 않는다. 콩주머니를 양동이에 담는다.

• **고난도** 시간제한을 두고 그 안에 콩주머니를 전부 모으게 한다. 얼마나 빨리 모을 수 있을까?

• **아기를 위한 보너스 활동** 방 안에 콩주머니를 흩뿌려 둔다. 아기가 들통을 들고 돌아다니며 콩주머니를 모으게 한다.

• **추가로 활용되는 감각** 전정 감각, 실행 기능

물고기 잡기

....

설명　　아이와 함께 침대 시트를 벗겨서 빨래를 해보자.

....

- **준비물**　　-침대 시트나 이불, 옷 한 더미
　　　　　　-장난감 물고기(또는 다른 장난감)
- **필요 공간**　작은 공간
- **필요 시간**　5~10분
- **놀이 준비**　바닥에 이불을 잔뜩 깔아 놓고 장난감 물고기(또는 다른 장난
　　　　　　감)를 여기저기에 숨긴다.

놀이 방법

1 아이에게 "물고기를 전부 찾아서 연못으로 데려다주자"라고
　　말한다(장난감 정리함을 연못이라고 하자).
2 "시작!"이라고 외치면 아이가 이불 안을 뒤져서 장난감 물고
　　기를 찾는다.
3 찾은 물고기를 연못에 넣는다.
4 장난감 물고기를 전부 찾을 때까지 ①~③을 반복한다.

• **저난도** 아이가 쉽게 찾도록 장난감 물고기를 이불 위에 놓는다.

• **고난도** 장난감 물고기를 무거운 베개 아래나 찾기 어려운 공간에 숨긴
다. 아니면 아이에게 안대를 씌우고 촉각만 이용해 찾게 할 수도 있다.

• **아기를 위한 보너스 활동** 얇은 이불에 장난감 물고기를 숨기고 아기가
찾게 한다.

• **추가로 활용되는 감각** 시각

고유 수용성 감각을 위한 추가 활동

아이의 고유 수용성 감각 시스템을 발달시키는 가장 좋은 방법은 사실 구조화된 놀이 활동이 아니다. 일상적인 집안일이 큰 도움이 된다. 아이에게 손쉬운 집안일에 참여하도록 하면 자부심을 키워주면서 고유 수용성 감각에 자극을 줄 수 있다.

실외 놀이

- 배낭 메고 다니기
- 정원 가꾸기
- 식료품점에서 카트 밀기
- 식물에 물 주기
- 흙이나 모래 파기
- 미끄럼틀에 오르기

실내 놀이

- 식료품 옮기기
- 빨래하기
- 의자 밀어서 옮기기
- 책 정리하기
- 쓰레기 버리기

- 청소기 돌리기

- 식탁과 창문 닦기

- 찰흙 놀이

- 스퀴즈 토이(손에 쥐는 장난감) 가지고 놀기

- 동물 걸음걸이 따라 하기(제일 좋아하는 동물처럼 걸어 다니기)

- 벽 밀기(방이 좁은 것 같으니 벽을 밀어서 넓혀 달라고 제안해 보자)

- 침대에서 뛰기

- 무거운 공 굴리기

4장

✻

만져 보기

촉각

자주 다치는
아이를 위한 솔루션

잘 알려지지 않았던 감각 2개를 소개했으니, 이번엔 잘 알려진 감각 하나를 살펴보자. 만지는 감각, 즉 촉각 말이다. 최근 유행하는 감각 놀이는 주로 촉각에 집중한다.

혹시 '감각 놀이 통sensory bin'에 관해 들어본 적이 있는가? 작은 장난감이 숨겨진, 생쌀이나 콩이 가득 담긴 통을 가지고 노는 아이의 사진을 본 적이 있을지도 모르겠다. 요즘 대부분 유치원과 가정에는 이런 감각 놀이 통이 비치되어 있다. 그리고 많은 부모가 이 감각 놀이 통에 관해 알고 있다(이 놀이를 하면 주변이 얼마나 지저분해지는지도). 그러나 아이들이 촉각 놀이를 하는 게 발달에 왜 중요한지를 아는 부모는 드물다. 촉각 자극이 중요한 이유는, 촉각 시스템이 신발 끈 묶기(요즘은 점점 더 늦은 나이에 배우는 기술이다), 글씨 쓰기, 옷 입기, 도구 사용하기, 다양한 음식 먹기, 자기 몸 관리하기를 비롯해 일상의 수많은 과제를 수행하는 데 바탕이 되기 때문이다.

본론으로 들어가기 전에 한 여자아이의 사례를 소개하고자 한다. 이 아이는 창의적이었고, 친구들과 놀기를 좋아했으며 자신을 둘러싼 환경을 기꺼이 탐색했다. 대체로 기분 좋게 지내던 아이는 다만 청바지를 입히려고만 하면 성난 도깨비로 돌변했다. 아이는 부드러운 레깅스나 원피스만 입으려고 했다. 아이의 친구들은 종종 팔에 스티커를 붙이고 타투인 척했지만, 아이는 피부에 스티커를 붙인다는 생각만 해도 기분이 나빠졌다. 페이스페인팅도 싫어했으며 손이 더러워지면 즉시 씻으려고 했다. 흙탕물 웅덩이에서 노는 게 흔한 중서부에서 자랐지만, 친구들이 노는 모습을 지켜볼 뿐이었다. 이 아이는 흙탕물 근처에는 갈 생각도 하지 않았다.

중학교에 들어간 아이는 결국 친구들과 어울리기 위해 청바지를 입기 시작했지만 집에 도착하자마자 편한 옷으로 갈아입었다. 성인이 된 이 아이는 감각 통합을 전공한 작업 치료사가 되었다. 여전히 원피스와 레깅스를 선호하고, 페이스페인팅은 멀리하며 유행하는 슬라임도 가능한 한 피한다. 지금쯤 눈치챘겠지만 이 아이는 바로 나다. 나는 어려서부터 다양한 질감과 몇 가지 음식을 다루는 게 어려웠다. 그런 내게 전환점이 찾아온 건 작업 치료사로 훈련받던 어느 날이었다. 마침내 나 자신의 감각 시스템을 이해하게 된 것이다.

지금의 나는 우리 센터를 찾은 아이들과 촉각 활동을 할 때 마음의 준비를 할 수 있고, 다양한 질감의 물건을 만질 수 있다. 물론 여전히 나는 민감하다. 몇 주 전, 우리 센터의 한 치료사가 공에 거품

스크린 육아에서 벗어나는 8감 발달 놀이

을 잔뜩 묻히고 아이와 공놀이를 하다가 사전 경고 없이 나에게 공을 던졌다. 나는 본능적인 회피 반응에 따라 즉시 몸을 피했다.

촉각 시스템은 우리가 다양한 성질의 감촉을 구분하게 해준다. 촉감의 강도(가볍게 만지는 것과 깊게 만지는 것)와 질감에서 비롯되는 통증, 질감의 온도 및 성격에 관해 알려준다. 아이들은 이 시스템 덕분에 장난감 상자 안을 들여다보지 않고도 손으로 더듬거리며 인형 빗을 꺼내고, 책상에서 연필을 찾는다. 우리는 핸드백을 뒤져 열쇠를 찾을 때나 아기방의 조명을 켜지 않고 기저귀 함에서 물건을 찾을 때 촉각 시스템을 사용한다. 게다가 촉각은 안전을 위해서도 매우 중요하다. 이 감각은 목욕물이 너무 뜨겁다는 것을, 뾰족한 막대기가 몸을 찌르고 있다는 것을 느끼게 해준다. 또한 감정에도 영향을 미쳐서 우리는 촉감을 통해 감정을 나눌 수 있다. 아이의 등을 어루만지며 엄마가 여기 있으니 괜찮다고 알려줄 때처럼 말이다.

그리고 촉각은 고유 수용성 감각과 협동하여 체성 감각이라고 불리는 것을 만드는데, 그 덕에 우리는 우리 몸의 위치를 정확히 알 수 있다. 체성 감각 시스템은 얼굴에 묻은 초콜릿을 느끼게 하여 거울을 보지 않고서도 닦아낼 수 있도록 한다. 이는 조정력에서도 핵심적인 역할을 하는데, 체성 감각 시스템이 약한 아이들은 몸놀림이 서투르고, 지저분하며 무질서한 경향이 있다.

아이가 편식이 심한 편이라면 그 이유는 음식의 맛이 아니라 음식의 질감 때문일 수 있다. 플레이 2 프로그레스 센터에 찾아온 꼬마 아이 크루즈는 오독오독 씹을 수 없는 음식을 먹으면 구역질을

했다. 부드러운 질감을 견딜 수 없었던 것이다. 많은 아이가 좋아하는 맥앤드치즈조차 먹기를 거부했다. 심지어 크루즈는 모래의 질감을 싫어해서 해변에도 가지 못했고, 유치원에서 요리 활동을 할 때는 참여하고 싶으면서도 손으로 반죽을 만지지 못해 친구들의 활동을 보고만 있었다.

크루즈의 부모는 아이가 해변을 싫어하는 건 개의치 않았다(그들이 사는 로스앤젤레스에선 일상에 지장을 주는 일이었지만). 몸에 지저분한 걸 묻히기 싫어하는 것도 이해했다. 그러나 음식에 관해서는 크루즈가 필수 영양분을 충분히 섭취하지 못할까 봐 걱정했고, 크루즈가 먹을 수 있도록 과일과 채소를 딱딱한 질감으로 만들기 위해 동결건조하는 게 점점 어려워지자 결국 나를 찾아왔다. 크루즈의 발달을 돕는 놀이 수업에는 많은 시간이 들었지만, 마침내 크루즈는 손을 사용해 다양한 질감을 탐색하고, 부드러운 음식을 먹는 시도를 하기(그리고 뱉어내기) 시작했다. 최근 크루즈는 파스타를 비롯해 몇 가지 부드러운 음식을 먹게 되었다(코로나바이러스로 인해 크루즈가 좋아하는 음식을 조달하기 어려워졌는데 때마침 진전이 있어 다행이었다).

플레이 2 프로그레스 센터에는 촉각의 방이 있다. 우리는 아이들이 그 공간에서 마음껏 지저분하게 놀 수 있도록 놔두라고 부모들에게 부탁한다. 아이들은 어렸을 때 다양한 질감에 노출되어야 한다. 부모가 쉴 새 없이 아이의 얼굴과 손을 닦아 주면 아이들은 조금 지저분한 상태로 지내는 경험을 하지 못한다. 더러워져도 괜찮다는 걸 배우지 못한다. 지저분하게 노는 것은 다양한 촉감과 친해지는 훌륭

스크린 육아에서 벗어나는 8감 발달 놀이

한 방법이다. 우리 센터에서 열리는 '엄마랑 아기랑' 수업에서는 기저귀를 입은 아이들이 돌기가 있는 공과 부드러운 공을 가지고 놀고, 비누 거품 사이를 지나다니며, 채소 물감으로 노는 모습을 볼 수 있다(★154쪽 참조).

촉각 시스템은 어떻게 작동할까

피부 표면과 그 아래에 있는 다양한 종류의 수용기는 피부의 긴장, 진동, 접촉, 온도, 압력에 의해 활성화된다. 이런 수용기 가운데 일부는 빠르게 활동하고, 다른 일부는 느리게 활동해서 우리가 무엇을 만지고 있는지 더 세세하게 구별할 수 있게 한다. 예를 들어, 주머니 속에 있는 동전이 100원짜리인지 500원짜리인지 구별할 수 있게 해주는 것이다. 이런 감각들은 뇌의 여러 영역으로 전달되어 반응을 일으킨다. 예컨대 뜨거운 프라이팬을 만지면 잽싸게 손을 치우도록 한다.

촉각은 감정 상태와도 연결되어 있다. 촉각 역시 다른 감각들처럼 자기 조절과 감정 상태에 영향을 미칠 수 있다. 이른둥이로 태어난 아기들에게 맨살 접촉이 이로우며 건강하게 살아남아 부모와 유대감을 형성하는 데 도움이 된다는 이야기를 들어봤을 것이다. 오늘날 병원과 분만 센터에서는 이른둥이와 만삭 아기에게 맨살 접촉을 널리 사용한다. 맨살 접촉은 출생 직후부터 출생 후 3개월까지 권장

촉각 시스템

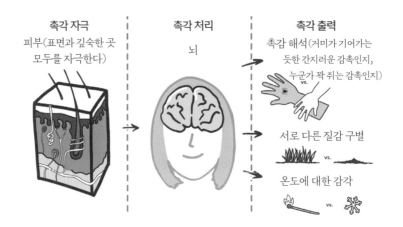

촉각 자극	촉각 처리	촉각 출력
피부(표면과 깊숙한 곳 모두를 자극한다)	뇌	촉감 해석(거미가 기어가는 듯한 간지러운 감촉인지, 누군가 꽉 쥐는 감촉인지)
		서로 다른 질감 구별
		온도에 대한 감각

되는데, 애착에 큰 도움이 되는 것은 물론, 아이에게 크나큰 안도감을 준다. 이앓이를 하거나 중이염에 걸려서 한밤중에 깨어난 아기를 어루만져 주면 진정한다는 것을, 부모들은 경험을 통해 이미 알고 있을지도 모르겠다.

촉각 시스템은 우리 모두에게 이런 식으로 작용한다. 힘든 하루를 보낸 날에는 친구나 배우자가 마사지해 주거나 포옹해 주기를 바랐던 적이 있지 않은가? 그로써 기분이 한결 나아진 적이 있지 않은가? 이게 바로 촉각 시스템의 영향력이다.

촉각은 이렇게 마음을 안정시키는 힘이 있을뿐더러 다양한 반응을 일으킬 수 있다. 포옹처럼 부드럽고 깊은 자극은 우리의 심장 박동을 진정시킬 수 있지만, 기습적인 포옹은 우리를 놀라게 하고, 심장 박동을 빠르게 하며 당황하거나 동요하게 만든다. 무언가 갑자기 팔 뒤쪽을 스쳤을 때 깜짝 놀란 적이 있지 않은가? 예를 들어, 나는 거미를 무서워하고, 머리카락이나 나뭇잎이 몸에 살짝 스치기만 해도 정체를 파악할 때까지 완전히 공황 상태에 빠지기도 한다.

촉각 시스템은 또한 촉각 구별을 가능하게 한다. 이는 다양한 질감을 구별하는 능력으로, 감각 놀이 통이 목표하는 것도 바로 촉각을 통해 사물을 구별하는 능력을 발달시키는 것이다. 촉각 구별 능력은 아이가 스스로 셔츠 단추를 채우거나 지퍼를 올리는 것 같은 독립적인 행동을 성공적으로 수행하도록 돕는다. 신발 끈을 묶으려면 손가락으로 끈을 느끼면서 매듭을 지어야 한다. (5학년이 되어서도 벨크로 운동화를 신고 있는 아이는 감각 문제는 차치하더라도 또래에게 놀림을 당할 가능성이 있다.) 내가 초등학생 아이들에게서 자주 목격하는 촉각 발달의 사례는 혼자서 머리를 포니테일로 묶는 것인데, 이는 머리카락이 긴 아이에게 필수적인 능력이며 바비 인형과 놀 때도 유용하다.

촉각과 고유 수용성 감각은 협동하여 글씨 쓰기와 협응에 도움이 된다. 학교에서 아이들은 연필, 크레용, 붓을 다룰 줄 알아야 한다. 특히 글씨를 쓰려면 정밀한 움직임이 필요하다. 올바른 방법으로 연필을 단단히 쥔 다음 종이에 대고 글씨를 부드럽게 써 내려가려면 압력을 조절하는 능력이 필요하다. 또한 크레용이 종이에 닿을 때 손에 어떤 느낌이 오는지 알아야만 색칠을 하다가 힘을 너무 줘서 크레용을 부러뜨리거나 종이를 찢는 일이 없다.

파리가 팔에 앉는 것을 느끼고, 보지도 않고 탁 쳐서 쫓아낸 적이 있는가? 입가에 묻은 음식을 거울을 보지 않고 털어낸 적이 있는가? 만일 파리의 위치나 크루아상 부스러기의 위치를 정확히 알 수 없고, 단지 뭔가 잘못됐다는 느낌만 받는다면 어떤 기분일지 상상할 수 있겠는가? 무언가가 우리 몸의 어디에 닿았는지 알고 그것이 무엇인지 아는 능력은 우리의 전반적인 조정력과 움직임에 도움이 된다. 마그나 타일즈magna-tiles(자석 블록-옮긴이 주)로 쌓은 탑 옆을 지나갈 때는 천천히 움직여야 탑이 무너져 친구들이 화를 내는 일이 없을 것이다.

감각 처리에 문제가 있을 때 나타나는 증상 가운데 가장 잘 알려진 것이 촉각 방어다. 촉각 방어란 대부분 아이에게는 문제가 되지 않는 감각에 대해 부정적으로 반응하거나 과하게 반응하는 것이다. 우리는 일터에서 이런 아이를 자주 만난다. 내 어릴 적 경험도 여기에 해당한다. 우리는 부모들에게 아이가 울거나 떼를 쓰는 건 버릇이 나빠서가 아니라 촉각적 자극이 실제로 불편하고 그로 인해 고통을 느끼기 때문이라고 알려준다. 촉각 방어는 일상을 심각하게 방해할 수 있다. 머리를 감을 때 바늘로 콕콕 찌르는 느낌이 든다면 목욕을 피하는 게 당연하다. 나는 어릴 적 엄마가 내 머리를 빗겨주던 걸 생각하면 지금도 목이 움츠러든다. 그때 나는 아팠다. 엄마의 손놀림이 거칠어서가 아니라 (적어도 나는 그렇게 생각한다) 내 감각 시스템이 당시 내가 이해하지 못했던 방식으로 작동하고 있었기 때문이다.

촉각 방어로 고생하는 아이들은 대부분 편안한 옷을 찾고, 목욕을 하거나 다른 사람들과 어울리는 것을 어려워한다. 붐비는 장소에 선 더욱 그렇다. 친구들과 몸을 맞대는 것, 양말에 모래가 들어가는 것이 불편하면 놀이터에 가지 못하고 그 주위만 맴돌게 된다. 할머니가 뽀뽀해 주는 것이나 저녁에 가족끼리 붙어 앉아서 영화를 보는 걸 피할 수도 있다. 다른 질감의 옷을 입은 사람들이 조금씩 움직이는 게 이런 아이에게는 과한 촉각 자극이 될 수 있다. 여기서 중요한 말을 반복하겠다. 아이들은 고집을 부리는 게 아니다. 지금 주어진 자극이 신체적으로 불편한 거다. 양말 솔기 때문에 실제로 자극을 받을 수 있다. 할머니를 좋아하지만 할머니가 아주 부드럽게 팔을 만지기만 해도 (특히 할머니가 따가운 스웨터를 입고 있다면) 긴장하고 만다.

감각 놀이 통은 촉각 방어를 개선하는 쉬운 방법이다. 아이가 태어난 직후부터 다양한 질감을 탐색하도록 해라. 잔디나 질감이 있는 매트 위에서 터미타임을 해라. 음식을 가지고 장난치게 놔두고, 목욕할 때는 비누를 만지게 놔둬라. 부엌에서는 요리 전에 모든 재료를 만지고 탐색하도록 격려해 주어라. 퓌레 단계를 넘어 고형식을 먹게 되면 다양한 음식을 소개해서 아이가 여러 질감을 견딜 수 있도록, 미각에 관한 모험심이 있는 아이로 클 수 있도록 도와주어라. 손으로 먹게 해라. 아이의 얼굴이나 손에 음식물이 묻자마자 물티슈를 꺼내지 마라. 아이가 음식의 질감을 느끼면서 시간을 얼마간 보낸 다음에 닦아주거나 목욕을 시켜라. (내가 제일 좋아하는 광경은 기저귀를 찬 아이가 해변에 앉아서 온몸에 모래를 묻히고, 자기 배와 머리에 미역과

물을 바르는 모습이다.) 먹어도 안전한 물감을 만들어서(★154쪽 참조) 질펀하게 갖고 놀도록 해도 좋다. 안전을 위해 한마디 덧붙이자면, 딱딱한 생채소와 과일, 견과류, 씨앗류, 건포도, 딱딱한 사탕, 포도, 팝콘, 핫도그는 질식 위험이 있으니 피하자. 아이가 먹는 동안 절대 눈을 떼지 마라. 특히 새로운 음식을 줄 때는 조심하자.

반대로 촉감에 덜 민감하고 촉각 자극을 많이 원하는 아이들도 있다. 핑거페인트를 주면 1분 만에 머리부터 발끝까지 칠해 버리는 아이들이다. 이런 아이들은 진흙탕이 보이면 제일 먼저 들어가고, 슬라임을 가지고 즐겁게 놀며, 점심을 온 얼굴로 먹기도 한다. 촉각 방어로 고생하는 아이들과 마찬가지로, 촉각 자극을 많이 원하는 아이 역시 자극을 조절하고 통합하는 데 문제를 가지고 있을 수 있다. 이런 아이는 촉각 자극에 과소 반응한다. 자기 몸에 진흙이 얼마나 묻어 있는지, 볼에 음식이 얼마나 오래 묻어 있었는지 느끼지 못한다. 때로는 촉각 자극을 추구할 수도 있다.

촉각의 주요 기능

촉각 구별: 다양한 종류의 촉감을 구별하는 능력이다. 눈으로 보지 않고도 책상 서랍에 손을 넣어서 가위가 아닌 연필을 꺼낼 수 있는 건 바로 촉각 구별 능력 덕분이다. 아이가 이 영역에서 고전한다면, 서로 다른 질감을 구분하는 능력이 부족해서 그럴 수 있다. 여동생

스크린 육아에서 벗어나는 8감 발달 놀이

과 친구들을 너무 세게 끌어안는 타일러를 기억하는가? 타일러는 눈으로 보지 않고 장난감 상자에서 무언가를 꺼내는 걸 어려워했다. 아침에 먹은 시리얼이 얼굴에 붙어 있다는 걸 늦은 오후까지 모르는 아이도 있고, 옷을 입거나 신발 끈을 묶는 걸 어려워하는 아이도 있다.

촉각 조절: 골디락스(영국의 전래동화《골디락스와 곰 3마리》에 나오는 금발 소녀의 이름에서 유래한 것으로 '적절한, 이상적인' 등의 단어들과 같은 맥락으로 사용된다-옮긴이 주) 이야기를 꺼내 보겠다. 우리에겐 딱 알맞은 반응이 필요하다. 당신이 예상하는 것보다 크거나 작게 반응하는 아이가 있다. 과도한 촉각 자극을 갈망하는 아이도 있다. 비가 온 뒤 발가벗고 흙탕물을 튀기며 놀거나 친구의 부드러운 스웨터를 계속 만져서 귀찮게 하는 아이가 있다. 우리 센터에 다니는 마이키는 촉각 자극을 아무리 받아도 부족한 아이로, 유치원에서 매일 셔츠를 벗거나 몸에 모래를 묻히곤 했다.

나는 4장의 대부분을 촉각 방어를 설명하는 데 할애했다. 촉각 방어란 아이가 촉감과 질감에 과도하게 반응하는 것이다. 촉각 방어가 있는 아이라면 양말을 신는 게 아플 수도 있고, 뾰족한 돌기가 난 공을 잡고 싶지 않을 수도 있다. 아이가 '예민하게' 굴거나 비협조적인 게 아니다. 아이의 신경 시스템이 경계 모드에 들어가서, 특정 물건이 불편하게 느껴지는 상태일 뿐이다. 아무리 강조해도 지나치지 않으니 한 번 더 이야기하겠다. 아이가 자기 나름대로 적절한 반응을 보이는 중이라는 사실을 절대 잊지 말고, 아이를 불편하게 만드는 행위를 강요해선 안 된다. 아이가 싫어하는데도 몸을 만지거나 불편한 옷을 입도록 강요하는 바람에 아이가 두려움에 빠진다면, 친구들과 어울리거나 슬라임 등을 만지는 게 더더욱 어려워질 수 있다. 반면 자극에 과소 반응하고, 자기가 만진 것이 얼마나 불편한지, 얼마나 뜨거운지 느끼지 못하는 아이라면 아픔을 잘 참는 것처럼 보일지 몰라도 언젠가 위험에 처할 수 있다.

스크린 육아에서 벗어나는 8감 발달 놀이

시트러스 스탬프

설명 냉장고 문에 붙일 아름다운 작품을 만들 기회다.

- **준비물** －시트러스류 과일과 수성물감
  －종이와 접시
  －칼
- **필요 공간** 좁은 공간
- **필요 시간** 25분 이상
- **놀이 준비** 과일은 반으로 자르고, 접시에는 물감을 짠다.

놀이 방법

1 아이가 반으로 자른 과일의 단면이 아래로 가도록 과일을 물감에 담근 다음, 그 과일을 종이에 도장처럼 찍는다.
2 다른 색깔로 반복한다.

- **저난도** 과일에 물감을 찍어둔다.
- **고난도** 아이가 직접 과일을 반으로 자른다.
- **추가로 활용되는 감각** 후각

비즈 보물 만들기

설명 지루하지 않게 갖고 놀 수 있는 촉각 매체인 수정토를 이용하는 활동이다.

· **준비물** −수정토(콩, 파스타, 쌀처럼 집에 있는 자잘한 재료)

  −큰 용기

  −포니비즈 pony beads 또는 레고 조각

  −안대

  −모루 또는 끈

· **필요 공간** 작은 공간

· **필요 시간** 10~15분

· **놀이 준비** 큰 용기에 수정토를 담고 그 안에 포니비즈를 섞는다.

놀이 방법

1 아이가 안대를 쓴다.

2 수정토와 포니비즈를 섞어 놓은 통에 아이가 손을 넣는다.

3 아이에게 촉각을 이용해서 포니비즈를 가능한 한 많이 찾아보라고 한다.

4 안대를 푼다.

5 아이가 찾은 포니비즈를 모루에 끼워서 팔찌나 목걸이를 만든
   다. 레고 조각을 찾았다면 쌓아서 탑을 만든다.

・**저난도**　포니비즈 대신 팅커토이^{tinkertoys}나 마그나 타일즈처럼 더 큰
  장난감을 사용한다.

・**고난도**　팔찌나 목걸이를 만들 때도 안대를 착용해 촉각을 이용한다.

・**추가로 활용되는 감각**　소근육

면도 크림 아이스 스케이팅

1

2

....

설명   플레이 2 프로그레스 센터에서 가장 인기 있는 활동으로
아이들을 색다른 질감에 노출하는 쉬운 방법이다.

....

- **준비물**   -요가 매트, 놀이 매트 또는 슬립앤슬라이드(물을 뿌리고 미
    끄럼을 타는 용도의 플라스틱 시트-옮긴이 주)
    -면도 크림(우리는 미스터버블 거품비누를 사용한다)
- **필요 공간**   넓은 공간(조금 더러워져도 괜찮은 공간을 택한다)
- **필요 시간**   10~15분
- **놀이 준비**   바닥에 매트를 깔고, 면도 크림을 많이 뿌려놓는다.

스크린 육아에서 벗어나는 8감 발달 놀이

1 아이가 양말을 벗고 바지를 걷어 올린다. 또는 수영복으로 갈
   아입고 해변에서 아이스 스케이트를 타자고 권해도 좋다.

2 아이가 눈밭에 서 있는 척을 하며 스케이트를 탄다. 즉, 매트
   위에서 맨발로 미끄러지듯 움직이는 것이다.

3 놀이를 마치면 수건으로 발을 닦고 바로 욕조에 들어간다(씻어
   야 할 것이다).

· **저난도** 미끄럼틀이나 경사로에 거품비누를 뿌린 다음, 배를 깔고 엎드
려서 미끄러져 내려온다.

· **고난도** 원뿔이나 냄비 등을 바닥에 놓고 피해야 할 장애물로 삼는다.

· **아기를 위한 보너스 활동** 아기가 거품 위를 기어간다.

· **추가로 활용되는 감각** 전정 감각, 고유 수용성 감각

채소 핑거페인트

설명   핑거페인트로 노는 건 재미있지만, 부모 입장에서는 아이의 입에 물감이 들어갈까 봐 걱정될 수 있다. 그렇다면 먹어도 되는 핑거페인트를 직접 만들어 보자. 유년기 아이들은 식재료로 만들 수 있는 다양한 빛깔을 탐색하고 상상력을 발휘해 그림 그리는 걸 좋아한다. 채소 핑거페인트를 직접 만드는 게 여의치 않다면 시판 퓌레를 사용해도 좋다.

- **준비물**   -터메릭^{turmeric}(강황의 뿌리를 빻아 만든 노란색 향신료-옮긴이 주), 베리 혹은 색깔이 있는 다른 채소(부드럽게 조리해서 준비한다)

  -밀가루

  -물

  -색깔마다 그릇 1개

  -감자 으깨는 도구

  -큰 숟가락

  -블렌더(으깨기 어려운 과일이나 채소를 사용할 경우)

  -종이
- **필요 공간**   좁은 공간(부엌에 아이용 탁자를 놓아도 좋다)
- **필요 시간**   20분 이상

- **놀이 준비**   채소와 과일을 잘게 잘라 둔다.

1 과일과 조리한 채소를 으깨거나 블렌더로 갈아서 퓌레를 만든 다. 아이들은 손가락으로 베리를 으깨는 걸 좋아한다. 아이들 이 으깨고 남은 걸 블렌더에 넣어도 된다.

2 퓌레에 물을 섞어서 질감을 부드럽고 균질하게 만든다. 너무 묽거나, 건더기가 섞여 있어도 괜찮다. 완벽히 부드럽게 만들 필요는 없다.

3 물감을 좀 더 질게 만들고 싶다면 밀가루를 약간 더해서 원하 는 농도가 나올 때까지 젓는다.

4 그림을 그리기 시작한다! 손을 사용하기를 권장하지만, 붓도 괜찮다.

- **저난도**   부모가 물감을 전부 만든다.
- **고난도**   알록달록한 물감을 만들 채소와 과일을 아이들이 스스로 정하 게 하고, 어떤 색이 만들어지는지 실험해 보도록 한다.
- **아기를 위한 보너스 활동**   괜찮다면, 아기를 바닥에 앉힌 다음 물감을 준 다. 그러고는 마음껏 물감을 몸에 바르도록 한다. 식용 재료로 만든 것 이니 먹어도 괜찮다.
- **추가로 활용되는 감각**   소근육

땅콩버터로 만든 집

설명 아이가 마그나 타일즈나 블록으로 걸작을 만든다면? 이번 활동에서는 촉각을 이용해 창의성을 키워 보자.

- 준비물 　 –납작한 크래커

　　　　　 –땅콩버터

　　　　　 –그릇

　　　　　 –접시

- 필요 공간 　좁은 공간

- 필요 시간 　20분 이상

- 놀이 준비 　그릇에는 땅콩버터를 담고, 접시에는 크래커를 담는다.

놀이 방법

1 아이에게 준비물을 주고 크래커와 땅콩버터로 특별한 구조물이나 집을 만들자고 제안한다.

2 손을 이용해 땅콩버터를 크래커 옆면에 발라서 구조물을 고정하는 풀 역할을 하도록 한다.

3 다른 식재료도 활용해 본다. 셀러리로 인디언 텐트를 만들 수 있을까?

스크린 육아에서 벗어나는 8감 발달 놀이

· **저난도**   아이가 땅콩버터를 만지기 싫어한다면 붓이나 작은 숟가락을 이용하게 한다.

· **고난도**   부모가 먼저 구조물을 만들고 아이에게 똑같이 따라 하게 한다.

· **추가로 활용되는 감각**   소근육, 시각

코끼리 똥

설명 친환경 슬라임 '우블렉ºobleck'(옥수수 전분을 물과 섞어 만든 점성 물질-옮긴이 주) 레시피를 들어본 적이 있는가? 어느 날 캠프에서 나와 아이들은 우블렉에 코끼리 똥이라는 별명을 붙였는데, 그러자 아이들이 활동을 훨씬 재미있게 느꼈다. 우리도 코끼리 똥 놀이를 해보자!

- 준비물   -옥수수 전분

-물

-그릇

-갈색 식용색소

-계량컵

-비닐 식탁보 또는 바닥 매트

- 필요 공간   좁은 공간
- 필요 시간   20분 이상
- 놀이 준비   식탁에 준비물을 모두 늘어놓는다. 아이에게 더러워져도 괜찮은 옷을 입힌다. 옷에 식용색소가 묻는 걸 방지하고 싶다면 작업복을 덧입혀도 좋다.

놀이 방법

1 물과 옥수수 전분을 1대 2로 섞는다. 물 1컵, 옥수수 전분 2컵
   으로 시작하길 권한다.

2 아이가 손으로 반죽을 섞는다.

3 식용색소 몇 방울(똥처럼 갈색이나 초록색)을 떨어뜨리고 숟가락
   으로 섞는다.

4 아이가 코끼리 똥의 질감을 탐색한다. 손으로 만질 때와 그릇
   에 담겨 있을 때 질감이 다르다. 그릇에 담겨 있을 때는 액체
   같지만, 손으로 만지면 고체 같다는 걸 관찰하도록 한다.

· **저난도**   부모가 코끼리 똥을 만들어서 아이에게 가지고 놀도록 준다.

· **고난도**   어떤 색깔끼리 섞어야 갈색이 되는지 아이가 알아낼 수 있을까?

· **추가로 활용되는 감각**   고유 수용성 감각

눈 감고 퍼즐

1   2   3

설명   촉각 시스템을 활용하기 위해 꼭 지저분한 놀이를 해야 하
는 건 아니다. 아이의 촉각을 발달시키는 깔끔한 놀이를 하
나 소개한다.

• 준비물   -텅 빈 각 티슈(정사각형이나 직사각형)

             -각 티슈 안에 넣을 두루마리 휴지심 4개(들어가지 않으면 자
               른다)

             -안대

• 필요 공간   좁은 공간

• 필요 시간   5~10분

• 놀이 준비   두루마리 휴지심과 각 티슈를 아이 앞에 나란히 놓는다.

놀이 방법

1 아이가 안대를 쓴다.

2 아이가 손을 더듬어서 두루마리 휴지심과 각 티슈를 찾는다.
   각 티슈의 구멍을 아래로 향하게 두고, 아이가 더듬어서 찾도
   록 한다.

3 촉각만 이용해서 각 티슈 상자에 두루마리 휴지심을 넣는다.

· **저난도** 각 티슈와 두루마리 휴지심을 아이 손에 쥐여 준 다음, 더듬어
  서 찾는 과정을 생략한다.

· **고난도** 타이머를 추가한다.

· **아기를 위한 보너스 활동** 안대는 씌우지 않고 상자를 탐색하도록 한다.

· **추가로 활용되는 감각** 소근육

찾아서 쥐기

설명　아이의 촉각 구별 능력을 키우고자 할 때 내가 주로 활용하는 활동이다. 장거리 비행에서 아이와 시간을 보낼 때도 유용하다.

- **준비물**　-안이 보이지 않는 빈 가방(조임끈이 달린 가방도 좋다)

　　　　　-자동차, 블록, 액션 피규어, 플라스틱 동물 모형 등

　　　　　-안대

- **필요 공간**　좁은 공간
- **필요 시간**　10~15분
- **놀이 준비**　작은 장난감들을 가방 안에 넣는다. 무엇을 넣었는지 주의해서 기억해 둔다.

놀이 방법

1　아이가 안대를 쓴다. 만약 아이가 안대 쓰기를 거부한다면 아이가 가방 안을 들여다보지 못하도록 부모가 가방 입구를 쥐고, 아이에게 가방에 손을 넣도록 한다.
2　어떤 장난감을 찾아 꺼내 보라고 말한다.
3　아이는 촉각만 이용해서 부모가 말한 장난감을 꺼낸다.

스크린 육아에서 벗어나는 8감 발달 놀이

- **저난도** 가방에 장난감을 2~3가지만 넣는다.
- **고난도** 칠교놀이^{tangrams}(총 7개 조각을 하나씩 모두 사용해 모양을 만드는 놀이-옮긴이 주)와 같이 감촉은 비슷하되 모양이 다른 장난감을 넣는다.
- **아기를 위한 보너스 활동** 가방에 질감이 있는 공이나 장난감을 넣고, 아기가 가방에 손을 넣어 꺼내도록 한다.
- **추가로 활용되는 감각** 소근육

발 스파 놀이

| 설명 | 수정토를 넣은 대야에서 아이들이 스파 놀이를 하는 걸 본 적이 있을 것이다. 해변에 온 척하면 더 재미있을 것이다. |

- **준비물**
  - 모래(시리얼을 갈아서 모래 대신 사용해도 좋다)
  - 양동이나 대야 또는 양발을 모두 넣을 수 있을 만큼 큰 용기
  - 아이가 앉았을 때 발바닥이 양동이 바닥에 닿는 높이의 의자
  - 물
  - 식용색소(선택사항)
  - 돌멩이(선택사항)
- **필요 공간** 좁은 공간
- **필요 시간** 15~20분
- **놀이 준비** 양동이 바닥에 모래를 깐 다음, 양동이가 반쯤 차도록 물을 붓는다. 바다처럼 보이게 하고 싶으면 파란색 식용색소를 더해도 좋다.

1 조용한 음악을 튼다.

2 아이에게 양동이에 발을 넣도록 하고, 모래의 느낌을 탐색하게 한다.

3 다른 질감을 경험하게 하고 싶다면 돌멩이를 넣어도 좋다.

4 다른 질감으로 반복한다. 전분을 넣으면 어떨까? 쌀은? 콩은?

· **저난도** 아이가 질감을 느끼길 힘들어하면 아쿠아 슈즈(미끄럼방지 신발-옮긴이 주)나 양말을 신긴다.

· **고난도** 발을 써서 모래 속에 숨겨진 돌멩이를 찾아볼까?

· **아기를 위한 보너스 활동** 아기를 대야나 욕조에 앉히고 같은 활동을 한다.

· **추가로 활용되는 감각** 고유 수용성 감각

파스타 아트

설명	캠프에서는 물에 불리지 않은 딱딱한 파스타로 목걸이를 만들거나 태양 모양을 만드는 활동을 자주 한다. 여기서는 파스타에 색을 더해 보자.

· 준비물 　－무독성 핑거페인트

　　　　　－그릇(물감 색깔마다 1개씩)

　　　　　－접시(물감 색깔마다 1개씩)

　　　　　－파스타(펜네나 리가토니 같은 짧은 원통형이 좋다)

　　　　　－종이

　　　　　－풀

　　　　　－목걸이를 만든다면 끈(선택사항)

　　　　　－미술 가운

· 필요 공간　좁은 공간

· 필요 시간　30분 이상

· 놀이 준비　그릇에 핑거페인트를 색깔별로 충분히 붓는다. 얼룩을 방지하기 위해 바닥이나 책상에 식탁보를 깐다. 아이 옷에 물감이 묻지 않도록 미술 가운을 입혀도 좋다.

1 물감이 담긴 그릇에 파스타를 담는다.

2 아이가 손으로 파스타에 물감을 바른다. 물감이 묻지 않은 부분이 없도록 한다. 주변을 어지럽혀도 괜찮다.

3 그릇에서 파스타를 꺼내 접시에 올려놓고 말린다(접시에 기름 종이를 깔면 파스타와 접시가 달라붙지 않는다). 색깔마다 접시를 구분하여 사용한다.

4 말린 파스타를 끈에 꿰어서 목걸이를 만들거나, 종이에 풀을 바른 다음 그 위에 모양을 만들면서 붙인다. 아이들이 무얼 만들까?

• **저난도** 아이가 질감을 느끼는 것을 힘들어하면 장갑을 끼거나 숟가락을 이용해 파스타와 물감을 섞도록 한다.

• **고난도** 안대를 끼고 섞을 수 있을까? 손으로 물감을 섞어서 색깔을 더 다양하게 만들 수 있을까?

• **아기를 위한 보너스 활동** 익힌 파스타를 아기가 손으로 섞는다.

• **추가로 활용되는 감각** 소근육

무지개 스파게티

설명 특별한 날, 초록색으로 물들인 달걀과 햄을 먹는 기분이 얼마나 짜릿했는지 기억하는가? 무지개색 스파게티를 먹는다면 아이들이 얼마나 재밌어할까?

- 준비물 -조리한 스파게티

   -큰 그릇

   -작은 그릇 몇 개

   -식용색소

   -지퍼백

- 필요 공간 좁은 공간
- 필요 시간 10~15분
- 놀이 준비 끓는 물에 익힌 파스타를 식힌 다음, 큰 그릇에 담는다. 여러 색의 파스타를 만들고 싶으면 여러 그릇에 나눠 담는다.

놀이 방법

1 아이에게 손을 깨끗이 씻도록 한다.
2 그릇에 식용색소를 몇 방울 떨어뜨린다.
3 아이가 손으로 파스타에 색을 입힌다.

4 다른 색깔도 반복한다.

5 무지개색 스파게티를 그릇에 담고 토핑을 얹어서 맛있게 먹
   는다.

6 선택사항: 아이가 스파게티를 먹으려 하지 않는다면 촉감 놀
   이 상자에 스파게티를 담아도 좋다. 큰 용기에 담고 아이에게
   손과 발을 집어넣도록 하여 질감을 느끼게 한다. 면을 자르고
   뜯어도 좋다.

· 저난도 숟가락을 사용해 섞는다.

· 고난도 아이가 두 손을 동시에 넣어서 섞는다.

· 아기를 위한 보너스 활동 아기에게 기저귀를 입히고 방수포나 수건 위에
  앉힌 다음 몸에 스파게티를 끼얹고 놀게 한다.

· 추가로 활용되는 감각 고유 수용성 감각

분필 걷기

1   2   3

설명   어릴 적 내가 제일 좋아하던 활동에서 영감을 얻었다. 소복
히 쌓인 눈 위에 발자국 남기기! 지금 살고 있는 따뜻한 서
던 캘리포니아에서 아이가 맨발로 언제든 할 수 있는 활동
으로 고안해 보았다.

- **준비물**   분필
- **필요 공간**   중간 크기의 공간
- **필요 시간**   5~10분
- **놀이 준비**   다른 준비는 필요 없다. 앞마당이나 보도, 놀이터에서 하면
  된다.

스크린 육아에서 벗어나는 8감 발달 놀이

1 아이의 손발에 분필을 잔뜩 문질러 준다. 분필을 부수어 바르
  면 더 잘 묻는다.
2 아이에게 손과 발로 자국을 남겨 길을 만들어 보라고 제안한
  다. 사방치기 스텝을 밟거나 요가 동작을 해서 길을 어렵게 만
  들 수도 있다.
3 부모나 친구가 그 길을 따라간다.

• **저난도** 부모가 길을 표시하고 아이에게 따라오게 한다. 사방치기 스텝
  을 밟아서 아이가 깡충깡충 뛰며 따라오게 할 수도 있다.
• **고난도** 발자국만으로 장애물 코스를 만들게 한다. 아이가 두 발로 깡
  충 뛸 수 있을까? 아니면 한 발로 뛸 수 있을까?
• **아기를 위한 보너스 활동** 발에 분필을 문지르고 나서 걸어 다니게 한다.
  그러고 나서 발자국을 보여준다. 종이에 발을 찍게 해도 좋다.
• **추가로 활용되는 감각** 실행 기능

거품 아트

1   2   3   4   5

설명   아이들에게 인기 만점인 활동이다. 일반적인 핑거페인팅
에 질감을 더해 한 단계 진화시켰다.

- **준비물**   -색이 있는 거품비누(우리는 미스터버블 거품비누를 사용한다)
  -풀
  -색상지
  -그릇
  -방수포 또는 낡은 옷(얼룩 방지용)
- **필요 공간**   좁은 공간
- **필요 시간**   20~25분
- **놀이 준비**   모든 준비물을 식탁에 올려놓는다.

1 그릇에 거품비누를 1컵 정도 짠다.

2 그리고 풀을 1컵 정도 붓는다.

3 숟가락으로 풀과 거품을 잘 섞는다.

4 섞은 것을 색상지에 잘 펴 발라서 종이 전체가 거품과 풀 반죽
   으로 얇게 덮이도록 한다.

5 그 위에 아이가 손가락으로 그림을 그리거나 이름을 쓴다.

6 말린 다음 작품을 감상한다.

· 저난도 거품을 짜 놓은 그릇 안에 장난감을 숨기고 아이에게 질감을
  탐색하게 한다.

· 고난도 아이가 안대를 착용한 채 거품에 이름을 쓸 수 있을까?

· 추가로 활용되는 감각 소근육

추상 볼 페인트

설명 나는 아이들이 그린 추상화를 무척 좋아해서 액자에 넣어 벽에 걸어놓기도 한다. 아이가 그려낸 걸작으로 벽을 한번 꾸며 보자.

・준비물 −작은 공(질감과 크기가 다양하면 더 좋다)

−물감(아이가 좋아하는 색이라면 무엇이든 좋다)

−용기(색깔마다 1개씩. 공을 넣을 수 있되 용기 안에서 공을 잃어버리지는 않을 정도의 크기가 적당하다)

・필요 공간 중간 크기의 공간

・필요 시간 15~20분

・놀이 준비 용기에 물감을 붓는다. 얼룩이 생길 수 있으니 활동 공간에 식탁보를 깔고 아이에게는 작업복을 입힌다.

1 아이에게 물감이 든 용기에 공을 넣고, 공에 색을 완전히 입히
   도록 한다.

2 종이에 공을 굴려서 추상화를 그린다.

3 다른 색으로 ①~②를 반복한다.

4 그림을 말려서 벽에 건다.

・**저난도** 장갑을 끼고서 물감 묻은 공을 굴린다. 종이와 공을 트레이에
담고 흔들어서 물감이 묻도록 한다.

・**고난도** 종이를 바닥에 놓고 그 위에 공을 살살 굴린다. 좀 더 큰 그림을
그리고 싶다면, 축구공과 초크 페인트^{chalk paint}를 이용해 집 앞 차도에
서 활동할 수도 있다.

・**추가로 활용되는 감각** 시각

세차 놀이

설명   부엌이나 햇살 좋은 날 야외에서 아이들이 몇 시간이고 할
수 있는 놀이다.

- 준비물   -액체 세제

          -물통 또는 큰 그릇

          -물을 담은 양동이

          -수건

          -장난감 자동차(또는 다른 장난감)

          -청소솔

- 필요 공간   중간 크기의 공간
- 필요 시간   25분 이상
- 놀이 준비   그릇에 세제를 충분히 붓고 물을 조금 붓는다.

1 세차장을 열었습니다! 아이가 첫 번째 장난감 자동차를 비눗물이 담긴 통에 넣고, 손과 청소솔로 깨끗이 닦는다.

2 물만 담긴 양동이로 거품이 묻은 장난감 자동차를 이동시켜 깨끗하게 헹군다.

3 장난감 자동차를 수건 위에 올려놓고 말린다.

4 모든 장난감 자동차를 닦을 때까지 ①~③을 반복한다.

• 저난도   물만 사용한다.

• 고난도   양측 협응에 도움이 되도록 청소솔을 이용해 활동한다.

• 추가로 활용되는 감각   소근육

촉각을 위한 추가 활동

촉감 놀이를 하면 주변이 지저분해지기 일쑤다. 마음을 내려놓고, 물티슈 사용은 자제하자.

야외 놀이

- 잔디에서 놀기
- 진흙에서 놀기
- 모래성 만들기
- 맨발로 흙탕물 튀기기

보드게임 및 기타 놀이

- 핑거페인트
- 플레이도
- 찰흙
- 쌀 상자
- 모래놀이 및 모래놀이 테이블
- 콩 상자
- 수정토
- 손으로 요리하기(도구 사용하지 않기)
- 스티커

스크린 육아에서 벗어나는 8감 발달 놀이

- 다양한 질감의 재료 탐색하기

- 더듬어 찾기 놀이

- 촉각을 이용한 맞추기 놀이

5장
x
또렷이 보기

시각

손-눈 협응이 어려운
아이를 위한 솔루션

당신이 지금 사용하고 있는 감각에 관해 이야기해 보자. 시각 말이다. 우리가 아이들이 뛰노는 모습을 볼 때, 초록빛 잔디와 아이의 밝은 미소를 보며 흐뭇해할 수 있는 건 (누구나 알고 있듯) 시각 덕분이다. 하지만, 시각 시스템이 다른 감각과 협동하여 아이가 퍼즐을 맞추거나 종이를 동그랗게 오리는 것 같은 시지각visual perception 과제를 하도록 돕는다는 것도 알고 있는가? 이 시스템은 성공적인 학습 능력과 조정력 발달에 중요한 역할을 한다. 단, 시력이 좋다고 해서 시각이 잘 발달했다는 의미는 아니다. 시력이 좋은 아이라고 하더라도 처리하기에 너무 많은 자극을 받으면 수면과 집중에 어려움을 겪을 수 있다.

아이가 시각 자극을 견디기 어려워하면, 부모 역시 덩달아 힘들어진다. 우리 센터에 다니는 알라나는 아기 때부터 과도한 시각 자극에 노출되면 비명을 지르며 눈을 감았다고 한다. 분주한 환경, 시끄러운 텔레비전 소리, 많은 움직임은 알라나에게는 처리하기 힘든 자극이었다. 부모가 알라나를 달래려고 가까이 가거나 눈앞에서 딸랑이 또는 장난감을 흔들면 상황은 더 나빠졌다. 알라나는 시각 자극이 없는 어두운 공간을 좋아했다. 움직이는 것도 힘들어했고, 차멀미도 했다. 아이들이 카시트에서 장시간을 보내는 로스앤젤레스에서의 삶이 알라나에게 얼마나 힘들었을지 상상이 갈 것이다. 몇 달간 강도 높은 감각 통합 작업을 하고 뒤이어 주 1회 세션을 거치며 알라나는 많이 나아졌다. 알라나의 사례는 극단적이지만, 아이가 유독 자주 보챈다면 감각 자극 처리에 어려움을 겪고 있을지도 모른다. 눈앞에 장난감이나 얼굴을 들이밀면 아이는 도리어 큰 자극을 받을 뿐이다. 시각이 예민한 아이들은 알록달록한 방에 들어가기만 해도 압도될 수 있다.

아기방, 어린이 침실, 교실, 놀이방은 흔히 원색으로 꾸며진다. 앞서 언급했듯 나는 학교 교사들에게 교실을 꾸미는 법에 관해 조언하기도 하고, 부모들에게는 아이 방을 꾸미는 법에 관해 조언하기도 한다. 나는 환경 컨설팅에 진심이다. 아이의 주변 환경에 자극 요소가 너무 많으면 아이가 잘 살아가는 데 방해가 되기 때문이다. 그러니 시각 시스템을 더 깊이 알아보기 전에, 아이가 차분하고 기분 좋은 상태가 되도록 시각 자극을 최소화하는 몇 가지 방법을 소개하고자 한다.

플레이 2 프로그레스 센터의 교실 벽에는 아무것도 걸려 있지 않다. 장식은 최소로 하고, 밝은색은 거의 사용하지 않는다(톤 다운된 색을 바탕으로 하며 포인트로 밝은색을 소량 사용한다). 작업실의 장난감 캐비닛에는 문이 달려 있어서 사용하지 않을 때는 내용물이 보이지 않도록 문을 닫아둔다. 체육관의 공과 놀잇감은 모두 이름표가 달린 불투명한 통에 넣어둔다. 그래서 통 밖에 있는 장난감의 개수는 생각보다 적다(우리는 양보다는 질로 승부한다!). 시각적으로 어수선하면 아이가 산만해지기 때문에, 우리는 마구 흐트러진 잡동사니와 어지러운 종이 더미, 여기저기 굴러다니는 장난감이 난무하는 광경은 최대한 피하려 한다.

차분한 공간 만들기

. . . .

과도한 자극이 없는 공간을 만들기 위해 플레이 2 프로그레스 센터에서 쓰는 방법을 소개한다. 집에서도 실천해 보길!

- **벽은 대부분 비운다.** 포스터, 현란한 색의 커다란 그림, 모빌, 벽에 걸린 잡동사니, 선반 등은 시각적 어수선함과 산만함을 낳는다.
- **톤 다운된 색상을 사용한다.** 현란한 색은 가능한 피하고, 톤 다운된 색상을 이용한다.
- **장난감을 치우면 눈에 보이지 않도록 공간을 구성한다.** 침실에는 장난감을 두지 않는 게 이상적이다. 어쩔 수 없이 침실에 장난감을 두어야

한다면 문이 달린 정리함이나 뚜껑이 있는 통에 장난감을 넣어 정리한다. 이때 통 옆면에 장난감 사진을 붙여 두면, 아이가 글씨를 읽지 못해도 장난감 정리에 참여할 수 있다.

- **따뜻한 노란빛 조명을 사용한다.** 밝은 흰색 형광등 사용은 자제한다.
- **인테리어는 단순하게 한다.**

차분한 교실 만들기

....

- **벽에 포스터나 도표는 최소로 건다.** 동기를 부여하는 문구가 적힌 포스터가 학생들에게 영감을 줄 수도 있지만, 한편으로는 지나친 자극을 주어 조절을 어렵게 할 수 있다. 너무 많은 도표는 (수직선마저도) 실내를 어수선하게 만드니 최소로 활용한다.
- **과잉 자극이 되는 신호는 사용하지 않는다.** 상황 전환을 알리는 신호로 큰 소리가 나는 카우벨이나 플래시 불빛은 아이에게 너무 큰 자극을 줄 수 있다. 따라서 손가락을 브이 자로 들거나 소리가 부드러운 초인종을 활용하기를 권한다.
- **책꽂이를 정리한다.** 책꽂이와 선반, 책상과 서류철을 가능하면 깔끔히 정리해 아이들 자리에서 보이지 않도록 한다.
- **통일된 색조의 톤 다운된 색을 사용한다.** 문구점에서 파는 물건은 대개

스크린 육아에서 벗어나는 8감 빌딩 놀이

원색으로 아이에게 자극이 될 수 있다. 그래서 톤 다운된 색의 물건을 사용하는 게 좋고, 색조를 통일한다면 더더욱 좋다.

- **진정 공간을 만든다.** 아이가 강한 자극으로 힘들어할 때, 몸을 진정시키고 쉴 수 있는 아늑한 공간(키즈 텐트 등)을 만들면 좋다.
- **자극이 없는 작업 공간을 만든다.** 어른처럼 시각 자극이 없는 작업 공간이 필요한 아이도 있다. 이때는 아이가 집중해서 무언가를 할 수 있도록 작은 칸막이 책상을 마련해 주어도 좋다.

아기들은 대개 태어나면서부터 볼 수 있지만, 일상 속 세세한 장면들까지 구별하진 못한다. 생후 첫 3개월 동안 아기들은 흑과 백 같은 고대비 색상만 인식할 수 있는데, 바로 이런 이유로 대부분의 유아 장난감이 흑백으로 나온다(플레이 2 프로그레스 센터에서 만든 동물 자석에 얼룩말이 있는 이유이기도 하다). 부모는 생후 첫 몇 개월 동안 아기가 부모의 얼굴을 쳐다보고 그에 반응하는지 확인해 봐야 한다. 아기와 눈을 맞추며 말을 걸면 아기는 미소로 답한다. 미소와 '구구구구coo' 소리는 발달의 핵심 부분이다.

우리 센터의 '엄마랑 아기랑' 수업에서는 부모에게 제일 먼저 바닥에 엎드리라고 가르친다. 바닥에 엎드린 다음, 아기와 얼굴을 마주 보고 천천히 몸을 양옆으로 움직이라고 한다. 아기는 부모의 움직임을 눈으로 따라갈 것이다. 아니면 좋아하는 장난감을 눈앞에서 양쪽으로 천천히 흔들어 주어도 된다. 아기들은 눈으로 장난감을 따라갈 것이다. 아기들은 단순히 고개를 양옆으로 움직이는 게 아니라, 협응을 통해 눈으로 물건을 따라가는 것이다. 장난감을 다양하게 가지고 놀거나 카시트 혹은 아기 체육관에 매달린 장난감을 가지고 놀 때, 아기들의 시각 처리 기술은 발달한다. 아기가 기어 다니며 활동을 시작하면 시각 시스템에 발동이 걸릴 것이고, 걷기 시작하면 그 시스템이 잘 작동할 것이다.

작업 치료사는 아이의 시력을 2.0으로 올려 주는 사람이 아니다 (대부분 사람이 시각에 관해 이야기할 때 시력을 떠올리지만). 우리는 시지각, 안구운동 기술(추적), 시각 운동 통합 기술, 손-눈 협응을 비롯해 시각 시스템의 다른 면모에 집중한다.

시각 시스템

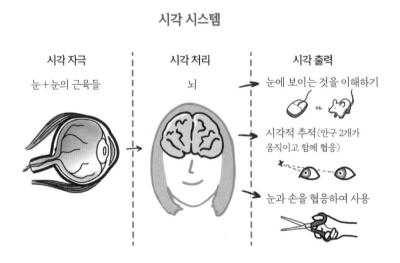

시각 자극	시각 처리	시각 출력
눈+눈의 근육들	뇌	눈에 보이는 것을 이해하기
		시각적 추적(안구 2개가 움직이고 함께 협응)
		눈과 손을 협응하여 사용

스크린 육아에서 벗어나는 8감 발달 놀이

시각 시스템은 어떻게 작동할까

시력 테스트는 안과 의사와 검안사에게 맡기겠다. 내 전공이 아닌 안구 해부학에 관해서도 지루하게 얘기를 늘어놓지 않겠다. 나는 시각 시스템과 그것이 우리에게 미치는 영향에 관해 잘 알려지지 않은 정보를 논하고자 한다. 시각 정보가 처리되는 방법 말이다.

전정 감각은 시각 시스템과 협동하여 아이가 책을 읽거나 무용 수업 시간에 몸을 회전시킬 때 도움이 된다. 전정 안구 반사에 관해 복습해 보자. 전정 안구 반사는 눈을 움직이는 몸과 연결되어, 우리가 고개를 돌려도 시선을 안정적으로 유지하게 해준다. 예를 들어, 아이가 칠판과 책상 위 공책을 번갈아 볼 때 작동한다. 전정 안구 반사가 잘 되지 않는 아이는 책을 읽다가 고개를 약간 돌리는 일이 어렵다. 이게 학교생활에 어떤 영향을 줄지 상상하기 쉽다. 회전 후 안구진탕이란 검사가 있다. 회전 후에 안구가 앞뒤로 얼마나 움직이는지를 확인하면 전정 감각 시스템이 어떻게 작동하는지에 관한 정보를 얻을 수 있다. 한가한 오후에 여느 작업 치료사의 사무실을 찾으면, 작업 치료사들이 번갈아 가면서 빙글빙글 돈 다음, 서로의 눈을 살펴보며 전정 감각 시스템을 관찰하는 모습을 볼 수 있을 것이다.

시각 시스템의 또 다른 요소로는 안구 운동 기술이 있다. 전정 안구 반사와 안구 추적은 안구 운동 기술의 하나다. 6개의 작은 근육이 협응해 움직여서 아이가 바닥으로 공이 굴러가는 모습을 보는 (나중에는 교실 반대편에 있는 짝사랑 상대를 티 나지 않게 훔쳐보는) 것을 가능하게 한다. 추적 기술을 평가한다는 것은 곧 두 눈이 어떻게 움직이고 어떻게 협응하는지를 평가한다는 것이다. 식탁에 생일 케이크를 올려놓을 때 아이의 표정이 어땠는지 떠올려 보라. 엉덩이는 의자에 붙이고 있지만, 눈은 케이크에 붙박여 있었을 것이다. 이를 원활추종운동smooth pursuit 이라고 한다.

우리 작업 치료사들은 시각적 순간 운동visual saccades도 검사한다. 안구가 뛰어오르는 것처럼 빠르게 움직이는 이 운동은, 아이의 시선이 환경 내에서 거칠고 빠르게 움직일 때 사용된다. 이런 종류의 시각 운동은 같이 놀던 친구가 갑자기 사라져 그 친구를 찾을 때 쓰인다. 또 다른 안구 운동 기술로는 가까이 있는 물체를 보기 위해 두 눈을 모으는 눈모음과 멀리 있는 물체를 보기 위해 두 눈을 약간 떨어뜨리는 눈벌림이 있다.

아이가 세상을 이해하고, 세상과 상호작용하는 것은 매우 중요한 일이다. 이와 관련된 시주의visual attention (시각 자극에 관한 주의 과정)에 관해 이야기해 보자. 시주의에는 여러 요소가 있는데, 다른 사람이 하는 일에 집중하는 것도 그중 하나다. 덕분에 아이는 특정 상황에서 자신이 해야 하는 일에 집중하고 나머지 일에는 관심을 두지 않을 수 있다. 좋은 예로, 수업 중 선생님의 말에 집중하되, 창밖 풍경은 무시하는 행동을 들 수 있다. 또한 시주의는 골대를 보면서 축구공을 보는 것처럼 주의를 2가지로 분산시키는 것도 가능하게 한다.

시지각은 눈에 보이는 것을 이해하는 능력이다. 시력엔 아무 문제가 없더라도 시지각이 약하면 학업과 운동을 하는 데 어려움을 겪을 수 있다. 시지각의 중요 요소는 다음과 같다.

① **전경 및 배경**: 배경 속에서 인물을 찾아내는 능력(《월리를 찾아라!》처럼).

② **시각적 기억**: 자신이 본 것을 그대로 기억하는 능력으로, 모양을 보고 기억해서 그릴 때 사용된다.

③ **시각 통합**: 전체 이미지를 보지 않고도 전체를 인지하는 능력. 퍼즐 조각의 모서리 부분이 소파 밑에 들어갔어도 조각의 전체 모양을 파악하고 그게 필요한 조각이라는 걸 알도록 돕는다.

④ **형태 항상성**: 물체의 형태가 달라도 (예를 들어, 거꾸로 되어 있거나 비스듬히 놓여 있는 경우) 모양을 알아보는 능력. 퍼즐 조각이 뒤집혀 있어도 알아볼 수 있게 해준다.

⑤ **시각적 순차 기억**: 시각적 항목을 올바른 순서로 기억하는 능력. 전화번호를 쓰거나 산수를 할 때 중요하다.

⑥ **시각적 공간 관계**: 공간 내에 물체가 어디 있는지 이해하는 능력. '앞'이나 '위' 같은 방향을 이해하는 것도 여기에 포함되며, 깊이를 지각하는 데도 영향을 미친다. 방향 감각에도 관여하고, 글을 쓸 때 띄어쓰기를 적당한 너비로 하도록 돕는다.

⑦ **시각 구별**: 물체 간의 차이를 알아보는 능력. 특히 'p'와 'q', 'b'와 'd'처럼 미세한 차이가 있는 것들을 구분하도록 돕는다.

삼각형을 따라 그리거나 자기 이름을 쓰려는 아이는 제일 먼저 시지각을 이용해 삼각형과 글자를 지각한다. 그다음 앞서 얻은 정보와 소근육을 사용해 그림을 그리고 글씨를 쓴다. 칠판의 글씨를 공책에 옮겨 적을 때 필요한 시각 운동 기술이 일상과 학업에서 얼마나 큰 역할을 하는지 짐작할 수 있을 것이다.

많은 부모가 손-눈 협응에 관해 이야기하지만, 어째서인지 시각과 관련짓기보다는 신체의 문제라고 여긴다. 손-눈 협응은 아이가 딸랑이를 쥐는 것부터 라켓으로 테니스공을 치는 것까지 다양한 활동을 할 때 눈이 움직이는 방식과 관련 있다. 아이의 손과 눈이 물 흐르듯 협응해야 마당에서 프리스비(원반형의 스포츠 완구-옮긴이 주)를 던지거나 엄마를 위해 비즈 목걸이를 만들 수 있다.

시력이 좋아도 시각 처리 장애가 있을 수 있다는 것은 아무리 강조해도 지나치지 않다. 왜냐하면 시력과는 별개로 눈에 보이는 정보를 뇌가 처리하는 데 문제가 있을 수 있기 때문이다. 아이가 글자를 거꾸로 쓰거나 도형을 따라 그리기 어려워하거나 띄어쓰기 간격을 너무 좁거나 너무 넓게 한다면 아이의 상태를 눈여겨봐야 한다. 처음 쓰기를 배우는 아이가 글자 몇 개를 거꾸로 쓰거나 삐뚤빼뚤하게 쓰는 일은 흔하지만, 7세 즈음이면 이런 현상은 사라져야 한다.

시각의 주요 기능

시각 구별: 'm'과 'n', 'b'와 'd' 같이 미세한 차이가 있는 물체를 구별하는 능력이다. 물체들이 서로에 대해 어디에 위치하는지 이해하고, 중요한 부분에 주의를 기울이며, 배경에서 전경을 구별하고, 본 것과 그 순서를 기억하고, 물체 일부만 보더라도 무엇을 보고 있는지 알아내는 데 도움이 된다.

꼭 짚고 넘어가고 싶은 건, 아이가 시각 구별을 발달시키는 신체 활동을 통해 세상을 경험하는 일이 중요하다는 것이다. 그래야 아이들이 자신이 상호작용하는 물체의 성질을 배울 수 있다. 예를 들어, 공을 가지고 노는 경험을 해야 공이 3차원이고, 무게가 있으며 형태가 있다는 것을 완전히 이해할 수 있다. 스크린으로 공을 가지고 놀면 공의 성질을 모두 이해할 수 없다. 반면 직접 공을 가지고 놀 기회가 있었던 아이는 공 그림만 보아도 공이 3차원 물체라는 것을 자연스레 이해할 것이다.

시각 조절: 시각 자극에 과잉 반응하는 아이들이 있다. 밝은 불빛이 불편해서 눈을 가늘게 뜨는 아이들이다. 예를 들어, 학교 교실에서 친구가 돌아다니는 모습이나 벽에 붙은 알록달록한 포스터를 보고 시각적으로 어수선해지면 주의가 산만해질 수 있다. 이와 반대로 시각 자극에 과소 반응하여 자극을 추구하는 아이들도 있다. 밝은 불빛을 쳐다보거나 물체를 자꾸 돌리는 아이들이다.

나비 맞추기

1   2   3~4

설명 금방이라도 날아오를 듯한 아름다운 나비를 만드는 공예 활동이다.

- **준비물** -종이
  -마커 또는 색연필
- **필요 공간** 좁은 공간
- **필요 시간** 10~15분
- **놀이 준비** 종이를 반으로 접고 한쪽에 나비 날개를 그린다. 그림을 보고 따라 그려도 좋고, 직접 상상해서 그려도 좋다. 아이가 창의력을 발휘하도록 도와주자. 아이가 반으로 접은 종이 반대쪽에 날개를 따라 그려야 하니, 단순하게 그린다. '진짜' 나비처럼 그릴 필요는 없으며 아이가 따라 그리고 색칠할 수 있도록 여러 모양을 활용하면 된다.

1 아이가 바닥에 발을 대고 책상에 앉는다. 시각적 방해 요소를 최소화하기 위해 책상을 깨끗이 치우기를 권장한다.

2 아이에게 나비의 날개는 오른쪽과 왼쪽이 같아야 한다고 설명해 준다. 한쪽은 부모가 이미 그리고 색칠했으니 반대쪽을 아이에게 해보라고 말한다.

3 아이는 부모가 그린 날개와 똑같이 반대쪽에 날개를 그린다.

4 양쪽 날개가 똑같도록 색칠한다.

· **저난도** 부모가 나비 날개를 모두 그리고, 아이는 색칠만 한다.

· **고난도** 날개에 다양한 패턴과 모양을 추가해서 더 어렵게 만든다.

· **추가로 활용되는 감각** 소근육

어지러운 동물들

| 1~2 | 3~4 | 5 | 6~7 |

설명   어렵긴 하지만 정말 재미있는 활동으로, 아이들은 어려운 줄도 모르고 놀이에 빠져들 것이다.

• 준비물   동물 사진(인터넷에서 찾아 인쇄하거나 잡지에서 동물 사진을 찾아 오린다)

• 필요 공간   넓은 공간

• 필요 시간   10~15분

• 놀이 준비   탁 트인 공간에 동물 사진을 쌓아둔다.

놀이 방법

1 부모와 아이는 각각 공간의 양쪽 끝에 선다.

2 아이가 옆으로 구르는 자세로 바닥에 눕는다.

3 부모는 동물 사진을 하나씩 꺼내 들어 아이에게 보여준다.

4 아이는 부모를 향해 구른다.

5 아이는 쉬지 않고 구르면서 부모의 손에 있는 사진 속 동물이 무엇인지 말한다.

6 아이가 동물 이름을 맞추면 부모는 재빨리 다른 사진을 보여 주면서, 아이가 구르는 채로 부모에게 집중하며 그림 속 동물 의 이름을 알아내도록 한다.

7 이번에는 아이가 부모에게서 멀어지는 방향으로 굴러가며 사 진 속 동물의 이름을 알아낸다.

- **저난도** 동물 사진을 천천히 바꾼다. 아이가 동물 이름을 맞히고 몇 바 퀴 돌고 나면 다음 그림을 보여준다.
- **고난도** 그림이 아닌 글씨를 사용한다. 여러 장의 종이에 단어들을 적 고 아이가 소리 내 읽도록 한다.
- **추가로 활용되는 감각** 전정 감각

서랍 속 보물

설명   좁은 공간과 서랍 속 물건만 있으면 할 수 있는 쉬운 활동
이다.

- **준비물**   -아주 작은 물건들(클립, 지우개, 연필 등)로 채워진 통

    -큰 구슬들

    -끈 또는 모루
- **필요 공간**   좁은 공간
- **필요 시간**   10~15분
- **놀이 준비**   통에 구슬을 담고 옆에 끈이나 모루를 둔다.

놀이 방법

1 아이에게 목걸이를 만들어 달라고 한다.
2 아이가 통을 들여다보면서 다른 물건들 사이에서 구슬을 찾아
   낸다.
3 찾은 구슬을 끈에 꿴다.
4 끈을 묶어 목에 건다.

- **저난도** 통 속의 물건 개수를 줄인다.

- **고난도** 타이머를 추가한다. 아이가 구슬을 모두 찾는 데 몇 분이 걸릴까?

- **아기를 위한 보너스 활동** 다른 물건이 든 통에 아기가 제일 좋아하는 장난감을 숨긴다.

- **추가로 활용되는 감각** 소근육

도형 섞기

1   2   3   4

설명　메모리 게임을 좀 더 고난도로 변형한 활동이다. 칠교놀이나 집에 있는 장난감을 사용해도 좋다.

- 준비물　　다양한 색깔의 도형 10개 또는 작은 장난감 10개
- 필요 공간　좁은 공간
- 필요 시간　15~20분
- 놀이 준비　도형을 뒤섞고, 그중 5개를 고른다.

스크린 육아에서 벗어나는 8감 발달 놀이

1 5개의 도형을 일렬로 놓아 순서를 만든다.

2 아이가 30초 동안 도형의 순서를 관찰한다.

3 그러고 나서 아이가 도형을 뒤섞는다.

4 아이는 도형을 다시 순서대로 놓는다.

5 사용하지 않은 도형 5개로 똑같이 놀이한다.

· **저난도** 도형을 5개가 아닌 3개로 시작한다.

· **고난도** 아이가 도형의 순서를 관찰한 뒤 도형을 뒤섞을 때, 다른 도형들도 넣는다. 모양은 같고 색만 다른 도형을 추가해도 좋다.

· **추가로 활용되는 감각** 실행 기능

동물원 탈출

설명   아이에게 동물원을 탈출한 동물들을 찾아 다시 동물원으로
데려오게 하자.

- **준비물**   작은 동물 장난감 또는 동물 인형
- **필요 공간**   중간 크기의 공간
- **필요 시간**   10~15분
- **놀이 준비**   방 안 곳곳에 동물 장난감이나 동물 인형이 일부만 보이도록 숨긴다. 침대 밑에 숨겨도 좋고, 머리만 빼꼼히 보이도록 서랍에 숨겨도 좋다.

놀이 방법

1 동물들이 사육사로부터 도망쳐 숨어 버렸으니 아이에게 동물들을 찾는 걸 도와달라고 말한다.

2 아이에게 임무를 준다. 예를 들면, 얼룩말을 제일 먼저 찾아 달라고 한다.

3 동물을 모두 찾을 때까지 반복한다.

4 아이에게 찾은 동물들은 동물원(상자나 통)에 넣도록 한다.

- **저난도** 동물의 몸이 더 많이 보이도록 숨긴다.

- **고난도** 색깔과 모양이 비슷한 동물들로 놀이를 한다.

- **아기를 위한 보너스 활동** 아기가 좋아하는 장난감을 담요 아래에 숨기고
  일부만 보이게 한다. 그러고 나서 아기에게 찾도록 한다.

- **추가로 활용되는 감각** 고유 수용성 감각

레고 분류

1   2   3

설명 '정리하기'를 놀이로 만들어 보자. 잘 정리된 레고 통을 보면 아이도 행복해질 것이다.

- 준비물 -레고 조각

  -통 3개

  -타이머

- 필요 공간 중간 크기의 공간

- 필요 시간 10~15분

- 놀이 준비 레고 조각을 한데 모아 두고, 바닥에 통 3개를 놓는다.

스크린 육아에서 벗어나는 8감 발달 놀이

1 아이에게 레고 조각을 빠르게 정리하는 놀이를 하자고 제안한
   다. 레고를 크기별로 분류해서 작은 것, 중간 것, 큰 것을 세 통
   에 나누어 넣으라고 한다.

2 타이머를 5분으로 맞추고 "시작!"이라고 외친다.

3 5분이 지나면 레고 조각들이 알맞은 통에 들어가 있는지 확인
   한다.

- **저난도**　타이머는 빼고, 아이가 원하는 속도로 정리하게 한다.
- **고난도**　모양만 조금씩 다른 레고 조각들로 놀이한다(예를 들어, 색은 같
  고 크기가 2줄, 3줄, 4줄로 다른 것들).
- **아기를 위한 보너스 활동**　아기들은 통을 가지고 노는 걸 좋아한다. 한쪽
  통에는 시리얼, 다른 통에는 과일을 넣어 보라고 해볼까?
- **추가로 활용되는 감각**　소근육

이상한 글자들

1   2   3

설명   글자와 이름 쓰기를 어려워하는 아이들을 위한 활동이다. 아이들은 자기 이름을 쓰는 것은 물론, 부모와 형제자매의 이름을 쓰는 것도 좋아하게 될 것이다.

- **준비물**   모루 또는 위키스틱스^{wikki stix}(실 스틱-옮긴이 주)
- **필요 공간**   좁은 공간
- **필요 시간**   15~20분
- **놀이 준비**   모루나 위키스틱스를 구부려 아이 이름에 쓰인 글자를 만든다.

스크린 육아에서 벗어나는 8감 발달 놀이

1 책상 위에 글자들을 흩뜨려 둔다. 거꾸로 놓거나 뒤집어 놓기
  도 한다.

2 아이에게 글자들을 이용해 이름을 써 보라고 말한다.

3 다른 이름도 써 보도록 한다.

• **저난도**　모든 글자를 올바른 방향으로 놓되 순서만 흩뜨린다.

• **고난도**　이름에 쓰이지 않는 글자들도 넣는다.

• **추가로 활용되는 감각**　촉각

신나는 거미

1   2   3

설명   야외에서 해도 좋고, 비 오는 날 집에만 있어야 할 때 종이
와 마커를 이용해서 해도 좋은 활동이다.

· 준비물   –분필

                –마커

                –종이

· 필요 공간   넓은 공간

· 필요 시간   10~15분

· 놀이 준비   바닥 한쪽에 거미를 몇 마리 그려 두고, 다른 한쪽에는 거미
줄을 그려 둔다. 그런 다음 구불구불한 길을 그려서 거미와
거미줄을 하나씩 잇는다.

1 아이에게 거미가 거미줄로 가는 길을 못 찾고 있다고 이야기
   해 준다.

2 아이가 거미 한 마리를 선택한 다음, 거미줄로 가는 길을 분필
   (또는 마커)로 따라 그린다.

3 모든 거미가 거미줄에 도착할 때까지 활동을 반복한다.

· 저난도   길을 구불구불하게 그리지 않고 직선으로 그린다.
· 고난도   제일 위에 있는 거미가 제일 아래에 있는 거미줄로 가는 등, 길
   이 서로 교차하도록 그린다.
· 추가로 활용되는 감각   소근육

설계사와 시공자

설명 작업 치료사로 일한 첫해에 만든 이 놀이를 매년 아이들과 하고 있다.

- **준비물** 마그나 타일즈 또는 쌓기 블록
- **필요 공간** 중간 크기의 공간
- **필요 시간** 20~30분
- **놀이 준비** 마그나 타일즈로 건물을 짓는다.

놀이 방법

1 아이에게 건축 설계사와 시공자가 되어 건물을 지어 보자고 제안한다. 아이가 설계사 역할을 맡는다면, 시공자 역할을 맡은 부모나 다른 아이에게 블록을 만드는 법을 알려줘야 한다 (중요한 규칙: 설계사는 블록을 만질 수 없고, 시공자는 설계사의 지시를 모두 따라야 한다).

2 설계사가 건물 짓는 법을 설명하기 시작한다. 예를 들어, "빨간 마그나 타일즈를 파란 마그나 타일즈 위에 올리고, 노란 마그나 타일즈를 빨간 마그나 타일즈 옆에 놓으세요"처럼.

3 걸작이 탄생할 때까지 반복한다.

4 서로 역할을 바꾸어 놀이한다.

- **저난도** 더 쉽게 지시해서 간단한 건물을 만든다. 예를 들어, "파란 마그나 타일즈를 분홍 마그나 타일즈 위에 쌓으세요."
- **고난도** 복잡한 건물을 만든다.
- **아기를 위한 보너스 활동** 아기에게 블록을 쌓거나 블록을 통 안에 넣는 법을 보여준다.
- **추가로 활용되는 감각** 실행 기능

탑 무너뜨리기

1   2   3

설명 흥을 돋워야 하는 시간(소풍 등)에 제안하기 좋은 활동이
다. 사실 제법 어렵지만, 재미있어서 아이들이 쉽게 따라
한다.

· 준비물 플라스틱 컵 6~8개(크기는 상관없다)

· 필요 공간 좁은 공간

· 필요 시간 10~15분

· 놀이 준비 다른 준비는 필요 없다.

1 컵으로 탑을 쌓는다. 창의력을 발휘해 보자. 피라미드를 만들어도 좋고, 컵의 윗부분끼리 닿도록 컵을 쌓아도 좋고, 컵으로 집을 만들어도 좋다.

2 다 만든 탑을 아이가 1분 동안 관찰하고, 짓는 법을 기억하도록 한다.

3 탑을 무너뜨린 다음 아이에게 똑같이 다시 쌓도록 한다.

· **저난도** 3~4개의 컵만 사용해 탑을 쌓는다.

· **고난도** 시간제한을 둔다. 30초 동안 탑을 다시 쌓을 수 있을까?

· **아기를 위한 보너스 활동** 블록과 같은 물체들을 쌓고 아기가 따라 하게 한다. 고리 쌓기 장난감을 사용해도 좋다.

· **추가로 활용되는 감각** 고유 수용성 감각

흔들어 찾기

설명 어릴 적 바닷가에서 조개껍데기를 찾고 놀았던 추억을 떠
올리게 하는 놀이다. 이제는 실내에서 조개껍데기를 찾아
보자.

・**준비물**   -투명한 통
-연필, 마커, 클립, 머리끈, 레고 조각, 동물 모양 장난감 등
집에 있는 물건
-모래(또는 쌀)
・**필요 공간** 좁은 공간
・**필요 시간** 10~15분
・**놀이 준비** 통에 모래를 붓고 그 안에 물건을 숨긴다. 물건이 보이지 않
도록 거의 다 덮어야 한다.

1 아이에게 통을 건네준다.

2 아이가 통을 양옆으로 살살 흔든다.

3 모래 사이에서 물건이 보이면, 아이에게 무엇이 보이는지 물어본다.

4 통 안에 있는 물건이 무엇인지 아이가 모두 알아낼 때까지 계속 통을 흔들도록 한다.

• **저난도** 크기가 좀 더 큰 물건을 숨긴다.

• **고난도** 시간제한을 두고, 쉼 없이 통을 흔든다. 흔들기를 멈추고 물건을 자세히 들여다볼 시간을 주지 않는다.

• **추가로 활용되는 감각** 고유 수용성 감각

아이스크림 막대기 글씨

1   2   3

설명   아이들은 제각각 다른 방식으로 글자를 배운다. 단순히 따라 쓰는 것만으로는 글자를 익히지 못하는 아이들도 있다. 이때는 아이가 연필을 잡기 전에 먼저 조작을 통해 글자를 만드는 활동을 하면 도움이 된다.

- **준비물**   -아이스크림 막대기
  -풀
  -종이
  -핑거페인트
- **필요 공간**   좁은 공간
- **필요 시간**   20~25분
- **놀이 준비**   책상에 모든 준비물을 올려놓는다. 종이에 아이 이름을 쓰거나 어떤 모양을 그린다. 아이가 그 위에 아이스크림 막대기를 놓아야 하니 큼직하게 쓰거나 그린다.

1 아이가 종이에 그려진 자기 이름이나 모양을 따라 풀을 바른
   다. 아이에게 "풀로 글씨(모양)를 따라 써 보자!"라고 말한다.
   이때 손가락에 풀을 묻혀서 손가락으로 바르면 더욱 좋다.
2 풀을 바른 선을 따라 아이가 아이스크림 막대기를 붙여서 글
   씨(모양)를 만든다.
3 손가락에 물감을 묻혀서 아이스크림 막대기를 칠한다.

- **저난도**　아이스크림 막대기에 풀을 발라 주고, 아이는 색만 칠하게 한
  다. 여전히 글씨를 따라 쓰는 기회를 줄 수 있다.
- **고난도**　아이 이름을 미리 써 놓지 말고, 아이에게 쓰도록 한다.
- **추가로 활용되는 감각**　촉각, 소근육

8자 트랙

1   2   3

설명   눈치챘겠지만, 작업 치료사들은 숫자 8을 여러 가지로 활용하길 좋아한다. 숫자 8을 눕힌 무한 기호를 쓰는 게 아이들에겐 어려운 일이다. 무작정 연습시키지 말고, 창의성을 발휘하게 해보자.

• **준비물**   –물감(야외라면 초크 페인트, 실내라면 무독성 수채 물감)

              –접시(색깔마다 1개씩)

              –종이

              –장난감 자동차

• **필요 공간**   중간 크기의 공간

• **필요 시간**   10~15분

• **놀이 준비**   숫자 8을 눕혀 그린 다음 접시에 물감을 붓는다.

스크린 육아에서 벗어나는 8감 발달 놀이

1 아이가 물감을 푼 접시 위에 장난감 자동차를 굴려서 바퀴에 물감을 묻힌다.

2 누워 있는 숫자 8을 따라 장난감 자동차를 두세 차례 굴려 색을 칠한다.

3 다른 색으로도 반복한다.

- **저난도** 아이가 방향을 보고 따라갈 수 있도록 화살표를 그린다.
- **고난도** 아이에게 숫자 8을 직접 쓰게 한다.
- **아기를 위한 보너스 활동** 직선을 그린 다음, 아기가 물감을 묻힌 장난감 자동차를 굴리게 한다.
- **추가로 활용되는 감각** 촉각

몬스터 매시

1   2   3

설명 공항, 음식점, 자동차 안과 같이 아이가 기다리기 지루해할 만한 곳에서 제안하기 좋은 활동이다. 종이와 펜(마커)만 있으면 몇 번이고 반복하며 시간을 보낼 수 있다.

· **준비물**   -펜 또는 마커

-종이

· **필요 공간** 좁은 공간

· **필요 시간** 20~25분

· **놀이 준비** 똑같이 생긴 괴물 머리를 2개 그린다. 머리카락, 눈, 코, 입, 주근깨 등을 활용해 얼굴을 자세히 그린다. 그러고 나서 좀 전에 그린 두 괴물과 생김이 2~3군데 다른 세 번째 괴물을 그린다.

스크린 육아에서 벗어나는 8감 발달 놀이

1 아이가 종이와 펜(마커)을 들고 괴물을 유심히 본다.

2 생김새 중 다른 곳을 찾아서 표시한다.

3 다른 괴물을 그려서 반복한다.

· 저난도   눈에 잘 띄는 차이점을 만든다. 예를 들어, 생머리와 곱슬머리, 돼지코와 일자 코, 웃는 입모양과 슬픈 입모양 등으로.

· 고난도   찾기 어려운 차이점을 만든다. 주근깨를 3개 대신 5개 그리거나, 눈을 타원이 아닌 정원으로 그린다.

· 추가로 활용되는 감각   소근육

시각을 위한 추가 활동

여기 적힌 놀이들은 이미 아이와 많이 해보았을 것이다. 몰랐겠지만, 다음에서 소개하는 놀이들은 아이의 시각 시스템 발달을 돕는다.

야외 놀이

- 분필로 그리기

- 나무에 매단 줄에 공을 걸고 치기

- 사방치기

- 아이 스파이

- 풍선이 바닥에 닿지 않도록 계속 띄우기

보드게임 및 기타 놀이

- 스팟 잇!spot it!

- 게스 후?guess who?

- 월리를 찾아라

- 멘탈 블락스mental blox

- 트리키 핸즈tricky hands

- 칠교

- 러시 아워

스크린 육아에서 벗어나는 8감 발달 놀이

- 커넥트 포
- 퍼즐
- 컬러링북
- 미술, 공예

6장

✖

살짝 맛보기

미각

편식하는
아이를 위한 솔루션

맛을 보는 감각인 미각은 어릴 적 내게 또 하나의 난관이었다(내 감각 시스템이 어땠는지 이제 감이 오시리라). 오랫동안(성인기 초기까지) 나는 버터로 볶은 면과 맥앤드치즈만 먹으려 했다. 작업 치료사 교육 과정 중반에 이르러서야 나는 미각이 얼마나 멋진 감각인지 이해하게 되었고, 늦기 전에 내 미각을 발달시켜야겠다고 결심했다. 새로운 음식을 접하면, 억지로라도 한 입씩 먹어 보려고 했다. 그리고 이제 나는 자랑스럽게 미식가를 자처한다.

음식은 유년 시절뿐만 아니라, 행복했던 일상과 여행을 추억하게 하는 수단 중 하나이다. 식사 행위는 다른 사람과 유대감을 형성하도록 돕고, 가족을 떠올리게 하며, 연락이 소원했던 지인들과 모일 핑계가 되어준다. 미각이 일상에서 얼마나 중요한 역할을 하는지 굳이 설명할 필요도 없으리라. 미각은 공동체를 형성하고, 대화를 원활하게 하며 먼 동네와 세계 구석구석을 여행할 이유가 되어준다. 아이에게 미각은 친한 친구와 공원에 가서 군것질을 할 기회, 친구 네 집을 방문할 기회, 가족과 외식할 기회, 반 친구들과 간식을 즐길 기회가 되어준다.

음식의 맛을 음미하는 우리의 능력은 사실 후각과 미각이 함께 작용해서 만들어진다. 중요한 건, 맛^{taste}이 향미^{flavor}와는 다르다는 거다. 얘기가 너무 복잡해지니 일단 음식 전반에 관해 먼저 이야기 하겠지만, 향미가 맛, 질감, 온도, 냄새의 영향을 받는다는 점을 기억 해 두자. 이런 미묘한 요소들에 관해선 이 장 끝부분과 후각을 다룬 7장에서 자세히 이야기하겠다.

우리 센터에 상담을 요청하는 사람 중 대다수가 아이의 편식을 고민하는 부모들이다. 자극적인 음식은 입에 대지 않거나 먹기 싫은 건 접시 구석으로 밀어 두고, 후추를 뿌린 음식에 아예 손도 대지 않 는 건 흔한 수준이다. 편식이 문제가 되는 건 이를테면 아이가 치킨 너깃처럼 한 가지 음식을 제외하곤 아무것도 먹지 않을 때다. 그 음 식이 아니면 아무것도 입에 넣지 않으려 할 경우, 외식을 하거나 친 구 집 또는 학교에서 식사하는 게 불가능해진다.

어른이 되기 전까지 음식의 즐거움을 배우지 못한 사람으로서, 나는 일찍부터 아이들이 미각을 다양하게 발달시킬 수 있도록 (현실 적인 수준에서) 돕고 싶다. 초밥과 매콤한 카레를 맛있게 먹는 아이들 도 있다. 특히 다양하게 요리해 먹는 가정에서 자란 아이들이라면 그렇다. 그러나 많은 아이들이 (특히 비교적 자극이 적은 표준 미국식 식단에 익숙한 아이들이) 칠면조 샌드위치, 파스타, 쌀, 치킨만 먹으려 한다. 아이에게 특별히 선호하는 음식이 있는 건 괜찮다. 누구나 그렇지 않은가? 그러나 아이가 먹으려 하는 것(혹은 먹지 않으려 하는 것)이 식사 시간이나 가족과의 시간, 친구와의 시간을 방해한다면 슬슬 아이에게 변화가 필요한 때다.

지난 몇 년 동안 플레이 2 프로그레스 센터에 편식 문제로 찾아온 많은 부모와 아이들 가운데 특히 로코라는 소년이 기억에 남는다. 우리 센터의 여름 캠프에 참여한 로코는 간식 시간에 친구들과 똑같은 음식을 접시에 담았지만, 한 입도 먹지 않았다. 로코는 맛을 넘어 음식의 냄새와 질감에도 예민했다. 여러 감각이 함께 작용하여 음식에 대한 선호를 만드는 좋은 예다. 로코는 엄마가 집에서 만든 토마토소스와 슈퍼마켓에서 파는 시판용 토마토소스의 차이를 한 입에 알아차렸고, 엄마표 토마토소스가 아니면 입에 대지 않고 모조리 남겼다. 그 외에는 공룡 너깃, 토스티토스 토르티야 칩, 아메리칸 치즈 슬라이스, 지프 크런치 땅콩버터만 먹으려 들었다. 특정 '브랜드'의 제품만을 고집하는 로코의 식성은 로코 본인의 생일파티는 물론이고 친구들의 생일파티에 갈 때도 큰 문제가 되었다.

로코 자신도 이 점을 민망하게 느껴서 친구 집에 갈 때 먹는 걸 챙겨가지는 않았지만, 집으로 돌아갈 때까지 아무것도 먹지 않았다. 로코의 유일한 선택지는 놀이를 빨리 끝내서 식사 시간을 피하는 것과 친구의 부모가 로코의 편식에 관해 미리 알고, 로코에게 간식을 권하지 않는 것이었다. 우리는 로코가 좋아하는 음식과 비슷한 음식을 맛보도록 격려하면서 천천히 식단을 확장했다. 6살이 된 로코는 아직 모험적인 미식가는 아니지만, 이제 집에서 만들지 않은 스파게티도 먹기 시작했다. 덕분에 친구들과의 생일파티나 놀이에 훨씬 편안하게 참여할 수 있게 되었다.

미각은 매혹적인 감각이며 미각이 발달하는 방식 또한 그러하다. 엄마 배 속의 태아는 엄마가 먹는 음식의 향미를 양수로 전달받고 그 맛에 노출된다. 출생 후 모유를 먹는다면, 모유의 향미 또한 특정 음식에 대한 선호를 발달시킨다. 이것이 임산부와 수유부가 균형 잡힌 식단으로 먹어야 하는 중요한 이유 중 하나다. 아기들은 당이 높은 모유와 비슷한 달콤한 음식을 좋아하는데, 그래서 영양 면에서 좋지 않은 음식에 끌리기도 한다. 만약 아기가 엄마 배 속에 있을 때부터 건강한 음식에 노출되었다면 비만과 당뇨를 비롯해 건강상 문제를 일으킬 위험성을 낮추는 식단에 잘 적응할 것이다. 그래서 아기가 고형식을 시작하면 가능한 한 여러 가지 음식을 먹도록 유도하는 것이다. 아이가 건강한 식단에 선호도를 갖도록 유지하는 건 중요하다. 아이들은 낯선 음식을 먹지 않으려고 하는데, 그건 미뢰가 발달하는 과정에 있어서 그런 것이지 꼭 편식 때문에 그런 것은 아니다. 그러니 지레 포기하지 말자! 아이들이 새로운 음식을 먹는 일에 도전하고, 받아들이고, 좋아하기까지는 여러 번의 시도가 필요하다. 앞에서도 설명했듯, 여기서 말하는 미각은 미각 시스템의 구성 요소로 질감과 냄새는 음식에 대한 선호와 밀접하게 관련된다는 것을 기억하자.

스크린 육아에서 벗어나는 8감 발달 놀이

아이들은 이른 시기에 경험한 음식일수록 선호도가 높아지므로 아이가 속한 문화의 사람들과 가족들이 먹는 주된 음식은 아이가 어른이 되었을 때도 영향을 미친다. 내 경험이 좋은 사례다. 우리 엄마는 편식이 매우 심한 편으로 부드럽거나 으깨진 음식을 먹지 않는다(절대로). 으깬 감자, 샐러드드레싱, 소스가 있는 음식이 전부 여기에 해당한다. 엄마가 선호하는 음식은 자극적이지 않은 음식과 단 것이다. 반면 아빠는 큼직한 고깃덩이가 없으면 식사로 치지 않았다. 대체로 우리 가족의 식사는 표준 미국 식단을 따랐는데, 사실 이 식단은 건강에 그다지 좋지 않다. 우리 부모님의 평소 저녁 식단은 커다란 고기 조각과 감자, 빵, 디저트로 끝이다. 이것만 보면 건강을 전혀 신경 쓰지 않는 사람들 같겠지만, 사실 두 분은 운동을 열심히 했다. 엄마는 피트니스 회사를 운영했고 아빠는 운동 애호가를 자처했다. 그러니 운동과 식사는 별개의 얘기라 할 수 있다. 나는 운동하는 부모님 밑에서 자랐지만, 향미가 강한 음식은 거의 접하지 못했고, 파스타나 구운 감자를 제외하곤 부드러운 질감의 음식 역시 먹어 보지 못했다. 샐러드는 대학원에 가서 처음 먹은 것 같다. 감각 처리에 관해 공부한 뒤에야 나는 내 편식에 대해 진정으로 이해하게 되었다. 그리고 지금이라도 내 입맛을 바꿀 수 있다는 걸 깨달았다. 그래도 힘든 하루를 보낸 후에는 맥앤드치즈만큼 위안을 주는 게 없지만(요즘은 비건 버전을 먹는다).

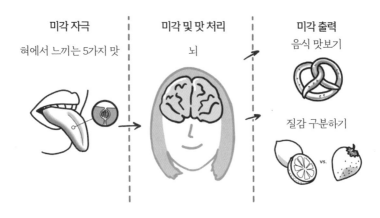

미각 시스템

미각 자극	미각 및 맛 처리	미각 출력
혀에서 느끼는 5가지 맛	뇌	음식 맛보기

질감 구분하기

미각 시스템은 어떻게 작동할까

우리 혀는 5가지 맛을 구별할 수 있다. 단맛, 신맛, 쓴맛, 짠맛, 감칠맛이 그것이다. 이 중 하나에 민감한 미뢰가 음식의 맛을 알아차리고, 뇌로 신호를 보낸다. 뇌에 도착한 신호는 냄새를 비롯한 다른 감각 정보와 결합하는데, 이는 음식에 대한 기호에 큰 영향을 준다(다음 장에서 자세히 다루고자 한다). 개인적 경험과 우리 센터에 다니는 아이들과 작업한 경험을 근거로, 나는 아이를 새로운 음식에 꾸준히 노출시키면, 아이의 기호를 늘려갈 수 있다는 것을 알게 되었다.

새로운 음식에 적응하기

....

편식은 부모들의 흔한 고민거리로 아이의 식단을 확장할 수 있는 전략을 몇 가지를 소개한다.

- **아이가 잘 먹을 것이란 기대를 내려놓는다.** 음식을 여러 차례 접한 뒤에야 아이가 관심을 보이기 시작할 수 있다. 억지로 먹이려고 하면 역효과가 날 수 있다.
- **음식을 먹기 전에 마음껏 장난쳐도 괜찮다고 알려준다.** 브로콜리를 붓처럼 써 보거나 채소 페인트 놀이를 해보고(★154쪽 참조), 셀러리로 집도 지어본다(★156쪽 참조).
- **압박을 내려놓는다.** 어떤 음식을 먹기만 하면 상으로 디저트를 주거나 좋아하는 활동을 하게 해주겠다며 아이를 꼬드기지 않는다. 아이가 새로운 음식을 먹는 것에 대해 느끼는 걱정과 압박을 줄여 주는 게 좋다. 먹기 싫으면 언제든 뱉어도 된다고 아이에게 알려준다.
- **음식을 한번 먹어 보라고 하기 전에 부모가 먼저 먹는 모습을 보여준다. 그리고 얼마나 맛있는지 표현한다.** 아이가 좋아하는 음식과 비교해서 이야기해도 좋다. "와, 이 당근은 맥앤드치즈랑 색깔이 똑같네! 체다버니즈처럼 아삭아삭하기도 해!"
- **가족이 중심이 되어 식사한다.** 식사 중 전자 기기를 사용하지 않도록 한다. 가족끼리 둘러앉아 식사하며 새로운 음식에 도전해 보는 것

이 좋다.

- **창의력을 발휘한다.** 식사하는 환경에 변화를 준다. 예를 들어, 뒤뜰로 소풍을 나가면 식사가 더 즐거울 수 있고, 새로운 음식에 도전할 용기가 생길 수 있다. 거실을 소풍 나온 것처럼 꾸며도 좋다.

맛에 대한 선호는 출생 전부터 시작되므로, 나는 부모들에게 분유에 첨가된 당을 주의하라고 조언한다. 유아들은 생애 첫 몇 달 동안 노출된 음식에 많은 영향을 받는다. 모유를 통해 엄마가 느낀 맛을 경험하고, 젖을 떼면 엄마가 먹는 것과 비슷한 음식을 먹게 된다. 수유를 어떻게 하든, 아이가 당에 과도하게 노출되지 않는 것이 좋다.

아기는 원래 당을 좋아한다. 모든 인간에겐 쓴 음식을 경계하는 본능이 있는데, 이는 독이 든 음식이 쓰기 때문이다. 조상에게 물려받은 자기 보호 본능인 셈이다. 하지만 대부분 채소에는 미세하게나마 쓴맛이 있으므로 이런 자연적인 경향은 극복하는 편이 유용하다. 아이가 어릴 땐 싫어하던 음식이 커서는 제일 좋아하는 음식으로 바뀔 수도 있다. 다시 강조하는데, 아이들에게 어릴 때부터 채소를 먹여서, 아이가 채소를 받아들이고 좋아하도록 도와야 한다. 이것이 건강한 식단의 기초가 된다.

아이는 서로 다른 맛을 구별할 줄 알아야 하고, 식단을 조절해 먹을 줄도 알아야 한다. 음식을 먹고 구역질을 하거나 아주 강한 맛만

스크린 육아에서 벗어나는 8감 발달 놀이

좋아해선 안 된다는 뜻이다. 미각 자극에 과잉 및 과소 반응하거나 서로 다른 맛을 구별하는 데 어려움을 겪는 건 미각 시스템뿐 아니라 다른 감각 시스템과도 연결된 문제이다. 다시 한번 이야기하지만, 편식은 고립된 미각이 아니라 냄새, 맛, 온도, 질감에 의해 형성된다.

미각의 주요 기능

미각 구별: 서로 다른 맛을 구별하는 능력이다. 아이가 음식을 즐기려면 음식이 달콤한지, 신지, 쓴지, 짠지, 감칠맛이 나는지 스스로 알아야 한다. 이때 미각 구별 능력이 활용된다. 이 능력을 키우기 위해서 이 장에서는 음식을 가지고 노는 활동들을 소개한다. 편식 습관을 잡고 싶으면 규칙을 살짝 내려놓아 보자.

미각 조절: 맛에 적절하게 반응하는 능력이다. 음식을 먹고 적절히 반응하려면 후각과 미각 둘 다 필요하다. 여기서 어려움을 겪는 아이들은 향미가 강한 음식만 먹으려 하고 싱거운 음식은 싫어할 수도 있다. 혹은 반대로 향미가 강한 음식을 피할 뿐만 아니라, 음식에 대한 거부가 심해져 일상생활에 지장을 받을 수도 있다.

색채의 향연

1   2   3

설명   아이에게 새로운 음식을 먹이는 건 어렵다. 이때 음식을 활용하는 놀이는 아이에게 새로운 맛을 탐험하는 아주 좋은 방식이 될 수 있다. 단, 아이에게 강요해선 안 된다. 일단 부모가 먼저 새로운 음식에 도전하며 재미있어하는 모습을 아이에게 보여준 후에, 원한다면 따라 해도 좋다고 말해 준다(음식으로 물감 놀이를 하는 법에 관해서는 ★154쪽의 '채소 핑거페인트' 참조).

· 준비물   -색이 있는 음식 여러 개(딸기류, 잼류 또는 시나몬 같은 향신료도 추천)

-작은 그릇 여러 개

-물

-'물감'을 섞을 숟가락 1개

-깨끗하고 위생적인 붓(붓이 닿은 음식을 아이가 먹을 테니, 새

것을 사용하길 권장)

–종이 혹은 종이 접시

· 필요 공간   좁은 공간

· 필요 시간   15~20분

· 놀이 준비   그릇에 음식을 소량씩 담는다.

놀이 방법

1 딸기류나 향신료를 으깬 다음 물을 붓고 저어서 물감으로 만
   든다. 이상적인 '물감' 질감이 되진 않을 것이다. 덩어리져도
   괜찮다. 원한다면 '채소 페인트 veggie paint'를 블렌더에 갈아서
   더 부드럽게 만들어도 좋다.

2 아이가 붓을 들고 그림을 그린다.

3 아이에게 그림을 그리는 중에 물감을 먹어도 괜찮다고, 접시
   에 그린 그림을 핥아먹어도 된다고 말해 준다. 또한 손가락과
   손을 사용해 그리는 것도 괜찮다고 알려 준다.

· 저난도   부모가 물감을 만들어주고, 아이가 그것을 사용하게 한다.

· 고난도   붓은 사용하지 않고 손으로 그린다.

· 추가로 활용되는 감각   소근육, 촉각

블라인드 미각 테스트

설명 단맛, 신맛, 짠맛, 쓴맛, 감칠맛을 탐색하면서 평소라면 아
이가 피했을 맛을 소개해 보자. 편안한 분위기에서 활동하
는 것이 핵심이다.

- **준비물** 단맛, 신맛, 짠맛, 쓴맛, 감칠맛이 나는 음식 1가지씩(나는 보
통 각설탕, 레몬 조각, 히말라야 소금, 무가당 카카오닙스, 미역 또는
연어육포를 사용한다)
- **필요 공간** 좁은 공간
- **필요 시간** 5~10분
- **놀이 준비** 컵케이크 틀에 음식을 각각 조금씩 나눠 담는다(서로 섞이지
않도록 한다).

놀이 방법

1 아이에게 5가지 맛을 알려준다. "우리는 5가지 맛을 느낄 수
있어. 레몬 같은 신맛, 상추 같은 쓴맛, 간장 같은 감칠맛, 사탕
같은 단맛, 프레젤 같은 짠맛이야." 맛을 설명하면서 컵케이크
틀에 담긴 음식을 가리키고 이름을 알려줘도 좋다.
2 아이가 안대를 쓴다.

스크린 육아에서 벗어나는 8감 발달 놀이

3 아이가 한 음식을 한 숟가락 맛본다.

4 맛을 보고 나면 안대를 푼다.

5 방금 어떤 음식을 먹었고, 5가지 맛 중 어떤 맛에 해당하는지
   아이에게 맞혀 보도록 한다. 그러고 나서 컵케이크 틀 안의 음
   식 중 무엇인지 가리켜 보게 한다.

• **저난도**   안대를 벗고 한다.

• **고난도**   안대를 쓴 채, 맛만 보고 음식 이름을 맞힌다.

• **아기를 위한 보너스 활동**   아기의 혀에 각각의 맛을 내는 음식들을 조금
  씩 올려놓고 아기의 반응을 살핀다.

• **추가로 활용되는 감각**   고유 수용성 감각

초콜릿 테스트

설명　나는 채식 위주의 식단을 하면서부터 자연 상태의 코코아가 상당히 쓰다는 사실에 매혹되었다. 이 활동에서 아이는 코코아에서 어떤 맛이 나는지 탐색할 것이다. 식품에 첨가된 설탕과 영양에 관한 수업을 시작할 멋진 기회이기도 하다.

· 준비물　　－무가당 초콜릿 칩 1/2컵

－아가베 시럽 또는 메이플 시럽 1/2컵

－소금 1/2 테이블스푼

－그릇 여러 개

－전자레인지

－숟가락

· 필요 공간　좁은 공간

· 필요 시간　15~20분

· 놀이 준비　무가당 초콜릿 칩을 전자레인지용 용기에 담는다. 아가베 시럽이나 메이플 시럽을 담은 작은 그릇과 소금을 담은 작은 그릇을 식탁에 놓는다. 디저트를 만드는 활동은 아니니 (물론 활동 후에 '디저트 만들기'로 넘어가도 좋다) 계량은 하지 않아도 된다. 이 활동의 목적은 아이에게 미뢰를 자극할 기회를 주는 것이다.

1 부모와 아이가 함께 무가당 초콜릿 칩을 맛보고 쓴맛에 관해 이야기한다. 그동안 먹어본 달콤한 초콜릿과 맛이 다를 것이다. 우리가 아는 초콜릿의 단맛은 첨가된 설탕 때문이라고 설명해 준다.

2 무가당 초콜릿을 그릇에 담고, 아가베 시럽이나 메이플 시럽을 더해서 전자레인지에 넣고 녹인다. 부드럽게 녹을 때까지 15~20초 간격으로 휘젓는다. 초콜릿이 식으면 맛을 보면서 시럽을 더하면 단맛이 난다는 것에 관해 이야기한다.

3 이번에는 녹은 초콜릿에 소금을 더한다. 초콜릿이 굳었다면 다시 전자레인지에 넣어서 녹이고, 소금을 넣어 휘젓는다. 그리고 맛이 어떻게 변했는지 아이와 이야기한다.

• 저난도   3가지 버전의 초콜릿(무가당, 가당, 소금 첨가)을 미리 만들어 놓고, 어떻게 맛이 다른지 아이에게 맛보게 한다.
• 고난도   3가지 버전의 초콜릿을 미리 만들어 놓고, 아이에게 어떤 맛이 나는지 맞추도록 한다.
• 추가로 활용되는 감각   후각

스무디 만들기

설명   아이들은 자기가 먹을 음식을 스스로 준비하는 걸 재밌어 한다. 스무디 만들기는 영양가 있는 간식을 아이와 함께 준비하기에 좋은 방법이다.

- **준비물**   -과일 1 1/2컵(아이가 직접 과일을 고르면 좋다)

             -우유 또는 견과류 우유 1컵(필요시 추가)

             -얼음 1/2컵

             -블렌더

             -컵

             -아이가 고른 채소 1컵(선택사항)

- **필요 공간**   좁은 공간

- **필요 시간**   10~15분

- **놀이 준비**   아이의 눈높이에 맞는 식탁이나 아이의 손이 닿을 수 있는 공간에 재료를 둔다.

스크린 육아에서 벗어나는 8감 발달 놀이

1 아이에게 직접 스무디를 만들어 보라고 말한다.

2 스무디에 들어가는 재료와 양을 아이가 직접 결정하게 한다. 어렵겠지만 잔소리는 하지 않는다. 아이가 직접 블렌더에 무 엇을 넣을지 고르게 하자. 입맛이 뚝 떨어지는 조합이라도 괜 찮다.

3 우유와 얼음을 더하고 아이가 블렌더 버튼을 누른다.

4 컵에 따라서 맛있게 먹는다.

• **저난도** 재료를 필요한 양만 꺼내 놓는다.

• **고난도** 스무디에 적어도 채소 1개는 넣기로 한다(맛이 비교적 약한 시금 치를 추천한다).

• **추가로 활용되는 감각** 청각

태연한 레몬

설명　어릴 적, 신 사탕을 먹으면서 얼굴을 찡그리지 않는 내기를 했던 게 기억난다. 사탕 대신 레몬으로 이 놀이를 해보면 어떨까?

- **준비물**　-레몬
　　　　-접시나 그릇
　　　　-설탕
- **필요 공간**　좁은 공간
- **필요 시간**　5분
- **놀이 준비**　레몬 껍질을 벗기고, 씨를 뺀 다음 작게 자른다. 자른 레몬 조각을 그릇이나 접시에 담는다.

1 아이에게 태연한 얼굴로 레몬을 먹는 내기를 하자고 제안한다.

2 아이가 레몬 조각을 먹는다.

3 부모가 레몬 조각을 먹는다.

4 누가 더 태연하게 먹을 수 있는지 보자.

- **저난도**   레몬에 단것을 추가한다. 설탕을 뿌려도 좋다.
- **고난도**   레몬 조각을 더 크게 썬다.
- **아기를 위한 보너스 활동**   아기에게 레몬을 핥게 한다. 어떤 반응을 보이는지 영상을 찍어 보자!
- **추가로 활용되는 감각**   후각

미각을 위한 추가 활동

아이들에게 음식은 스트레스가 아닌 즐거움을 주어야 한다. 그래야 매 끼니가 아이에게 새로운 맛과 음식을 알려주는 기회가 될 수 있다.

- 노출, 노출, 노출해라. 아이가 새로운 음식을 잘 받아들이려면, 아이에게 그 음식을 아주 여러 번 노출해야 한다는 걸 기억하자. 어릴 때부터 아이를 낯선 음식에 많이 노출시켜라.
- 아이와 함께 요리하며 재료가 조리되기 전과 후의 맛을 아이가 직접 비교해 볼 수 있도록 해라. 예를 들어, 당근이나 브로콜리를 조리하기 전에 먹어 보고, 조리 후에도 먹어 보는 것이다.
- 다른 문화권의 음식을 접할 수 있는 레스토랑이나 시장에 아이와 함께 가보자.

스크린 육아에서 벗어나는 8감 발달 놀이

7장

✕

향기로운 감각

후각

특정 냄새만 맡으면 구역질을 하는
아이를 위한 솔루션

냄새를 맡는 감각인 후각은 우리에게 과거를 떠올리게 하고, 허기를 느끼게 하며, 위안을 주기도 하고, 이상한 냄새를 풍기는 누군가로부터 도망가도록 신호를 주기도 한다. 불이 나서 타는 냄새가 나면 주변에 위급 상황임을 알리게 하기도 하고, 상한 냄새가 나는 음식은 먹지 않도록 우리를 보호하기도 한다. 자주 간과되지만, 우리는 후각을 통해 여러 통찰을 얻기도 한다.

　냄새는 기억을 떠오르게 하고, 먹고 있는 음식의 향미를 느끼게 하며, 심란한 마음을 달래주기도 한다. 수면 독립을 시작한 아이가 부모 없이 잠드는 걸 어려워한다는 이야기를 들으면, 나는 부모의 침대에서 쓰는 베개나 부모의 낡은 티셔츠를 아이가 안고 자도록 해보라고 권한다. 베개나 옷에 밴 부모의 냄새는 아이가 혼자 잠드는 법을 훈련할 때 위안을 준다. 아이가 처음 어린이집에 가는 날이

나 친구네에서 처음 자고 오는 날에는 부모의 냄새가 밴 무언가를
아이에게 주면 좋다. 낮잠을 잘 때도 부모의 셔츠나 베개를 쥐여 주
거나 아이의 손목에 엄마의 머리끈을 걸어 주는 것이 효과적이다.

아기가 태어나서 제일 처음 맡는 냄새는 엄마의 냄새다. 아기는
엄마의 모유 냄새를 안다. 그 냄새는 아기가 병원에서 처음으로 채
혈해야 하는 순간에 두려움을 줄여 주고, 진정시켜 준다. 오로지 엄
마의 모유에만 있는 기능이다.

태어난 직후부터 아이가 여러 냄새를 경험하도록 돕는다면, 나중
에 새로운 음식을 접할 때 거부감을 덜 느낄 것이고, 학교나 친구 집
에서 나는 여러 종류의 냄새에 부정적으로 반응하지 않을 것이다.
새로운 환경에서는 낯선 냄새가 나며 개중에는 유쾌한 냄새도 있지
만 불쾌한 냄새도 있다. 특정 향을 선호하는 건 단순히 취향 문제일
수 있다. 그런데 어릴 적에 냄새를 다양하게 경험해 본 아이가 아니
라면, 살면서 접하게 되는 수많은 냄새를 불쾌한 것으로 느낄 수 있
다. 아이들은 대부분 어떤 환경을 접하기만 해도 다양한 냄새에 노
출된다. 이런 경험은 일찍 시작하는 게 좋다. 시중에서 판매하는 유
아식에 집에서 조리한 채소를 추가하고서 아기가 그 음식의 냄새를
마음껏 맡고 탐색하도록 도와주는 것도 좋은 방법이다.

후각은 기억과 가장 밀접한 감각인데, 후각 시스템이 감정을 다루
는 뇌 영역과 직결되기 때문이다. 같은 냄새를 맡아도 사람마다 느끼
는 감정이 다르다. 누구나 알겠지만 어릴 적에 익숙했던 냄새를 맡
으면 과거의 좋고 나빴던 기억들이 순식간에 떠오른다. 5~6년 전

일인데, 물비누를 사려고 가게에 들러서 가장 마음에 드는 제품을 찾으려 냄새를 맡아보고 있었다. 그중 하나를 집어 냄새를 맡자마자 기억 상자를 연 것처럼 오래된 기억들이 마구 떠올랐다. 나는 그 물비누에서 아빠의 냄새를 맡았다. 물비누 향을 맡자마자 나는 몇 해 전 세상을 떠난 아빠와의 추억이 떠올랐다.

맛과 마찬가지로, 냄새 역시 문화마다 가정마다 고유한 특색을 띤다. 냄새는 우리 정체성의 일부가 되어 힘들 때 위안을 준다. 어릴 적 우리 엄마는 사과와 계피 향이 나는 방향제를 아주 좋아했다. 나는 방향제를 유독 성분 때문에 평소에는 잘 사용하지 않지만, 최근 마음이 초조했던 어느 날, 나도 모르게 장바구니에 방향제를 담았다. 사과와 계피 향이 나는 방향제는 내게 간절했던 위안을 주었다. 플레이 2 프로그레스 센터에서는 아이들과 함께 천연오일 스프레이를 만들고, 천연오일 향기와 위안이 되는 기억을 짝지어준다. 아이들이 힘들 때 그 향은 힘이 되어줄 것이다. 이 외에 모기 기피제와 진정용 스프레이, 일어나기 힘든 아침을 깨워주는 스프레이도 만들 수 있다(★258쪽 참조).

핀터레스트에서는 냄새 놀이에 관해서는 별로 이야기하지 않는다. 다행히 인기 좋은 쌀 놀이에 냄새를 더해 두 감각을 모두 강화하는 활동이 있다(★260쪽을 참조).

7장 향기로운 감각

후각 시스템은 어떻게 작동할까

화창한 봄날, 갓 피어난 꽃송이에 코를 대고 숨을 들이쉬면 작은 냄새 분자가 코로 들어와 신경 신호를 통해 후구에 도착한다. 후구에 도착한 신호는 뇌의 서로 다른 영역으로 전달되는데 그중 하나가 감정 조절 센터인 대뇌변연계이다. 이것이 따뜻한 코코아 우유 냄새를 맡으면 할머니 집에서 보낸 휴일이 생각나고, 물비누 향을 맡고 매대에서 눈물을 흘리는 이유다. 아이들이 좋아하는 쿠키 냄새를 맡자마자 대단히 흥분하는 이유이기도 하다. 이렇게 냄새는 기억과 감정을 자극한다.

아기는 태어나자마자 냄새를 구별할 수 있다. 젖을 먹으면서 엄마의 가슴을 좋아하게 되고, 엄마와 다른 여자의 냄새를 구별할 수

후각 시스템

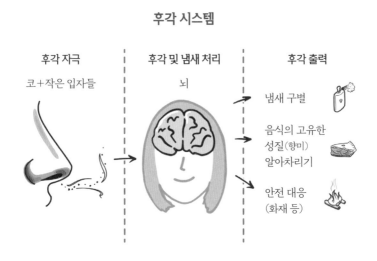

스크린 육아에서 벗어나는 8감 발달 놀이

있다. 반대로 아기 냄새는 엄마에게서 호르몬을, 정확히 말해 옥시토신을 분비시킨다.

6장에서 우리는 5가지 맛을 구별할 수 있다고 이야기했다. 우리가 구별할 수 있는 냄새는 그보다 몇천 개는 더 많다. 사실 음식이 깊은 향미를 지니게 된 건 후각 덕분이다. 독감에 걸렸던 때를 기억해 보자. 음식이 평소만큼 맛있지 않았을 것이다. 음식에 대한 기호를 키워나가는 중인 아이에게 음식을 먹기 전 냄새를 맡을 시간을 주면, 새로운 음식을 탐험하고자 하는 마음이 더 커질 것이다.

최근 우리를 찾아온 고객 에마는 사교적인 아이였지만, 후각이 너무 예민한 나머지 가족이나 친구와 시간을 보낼 때 어려움이 있었다. 에마가 식탁이나 부엌에 있을 때는 채소를 조리하는 것도, 심지어 조리한 채소를 먹는 것도 불가능했다. 학교에서 에마는 다른 아이들의 도시락에서 나는 냄새를 견디지 못해 식당에서 먹지 못하고 야외 이동용 탁자나 다른 교실에서 밥을 먹어야 했다. 그 탓에 에마는 식당에서 이루어지는 사교에서 늘 소외되었다. 우리는 다양한 냄새로 놀이를 하면서 에마가 여러 냄새에 차차 익숙해지도록 도왔다. 지금 에마는 음식이 있는 방에 머물 수 있으며 식탁에도 앉을 수 있도록 노력하고 있다.

7장 향기로운 감각

후각의 주요 기능

후각 구별: 일상에서 접하는 여러 가지 냄새를 구별하는 능력이다. 후각 구별의 힘은 유아기에 명백히 드러난다. 모유 수유를 하는 아기는 엄마와 다른 여자를 구별한다. 코가 바로 아는 것이다!

후각 조절: 다른 감각과 마찬가지로 후각 조절은 어떤 냄새에 적절히 반응하는 능력이다. 에마와 같은 아이들은 특정 냄새를 참기 힘들어하는데, 그로 인해 사회생활에 부정적인 영향을 받을 수 있다. 음식점, 카페테리아, 교실엔 온갖 냄새가 진동하기 때문이다. 냄새에 과민 반응하는 아이는 특정 냄새를 맡으면 구역질을 하거나 눈물을 흘리기도 한다. 반대로 냄새에 과소 반응하는 아이는 미묘한 냄새를 잘 맡지 못하고, 가스나 마커 냄새처럼 또래들이 보통 싫어하는 강한 냄새에 끌리기도 한다. 한마디로, 이상한 냄새를 찾아 맡는 것이다.

스크린 육아에서 벗어나는 8감 발달 놀이

누굴까?

설명　아이가 냄새만으로 가족들을 구별하는 활동이다.

· **준비물**　－모든 가족 구성원의 셔츠(입고 나서 빨지 않은 것)

　　　　　　－안대

· **필요 공간**　좁은 공간

· **필요 시간**　5분

· **놀이 준비**　모든 가족 구성원의 셔츠를 1장씩 모아 둔다.

놀이 방법

1　아이에게 안대를 씌운다.

2　아이에게 셔츠를 1장씩 건네준다.

3　아이에게 셔츠의 냄새를 맡게 하고 누구 것인지 묻는다.

4　나머지 셔츠도 똑같이 한다.

· **저난도**　안대는 사용하지 않는다.

· **고난도**　한 사람에게서 셔츠 여러 장을 받는다. 좀 더 헷갈릴 것이다.

· **추가로 활용되는 감각**　고유 수용성 감각

계피 찾기

설명 부엌에서 노는 건 늘 재미있다. 요리를 변형한 이 활동은 냄새를 구별하는 능력을 키워주고, 다양한 냄새에 아이를 노출시키며 냄새에 관한 모험심을 발휘하도록 돕는다.

- **준비물** -바질, 오레가노, 칠리페퍼처럼 향이 강한 향신료

  -계피

  -사과 소스(혹은 계피와 어울리는 음식)

  -그릇

  -숟가락

  -안대

- **필요 공간** 좁은 공간
- **필요 시간** 5분
- **놀이 준비** 그릇에 사과 소스를 붓는다. 다양한 향신료를 꺼낸다(신선할수록 좋다!). 유리병에 담겨 있다면 뚜껑을 열어서 아이가 냄새를 맡을 수 있도록 한다.

스크린 육아에서 벗어나는 8감 발달 놀이

1 아이에게 계피 냄새를 맡아 보자고 한다.

2 아이에게 안대를 씌운다.

3 계피 냄새를 맡으면 알려달라고 한다. 향신료를 아이에게 하
   나씩 건네주며 냄새를 맡게 한다. 마지막으로 계피를 다시 준다.

4 아이가 계피 냄새를 알아차리면 안대를 벗긴다.

5 사과 소스에 계피를 한 꼬집 뿌리고 저어서 맛있게 먹는다.

• **저난도** 향신료 대신 꽃향기가 나는 향초나 천연오일을 사용한다(물론
   사과 소스에 섞어 먹으면 안 된다).

• **고난도** 넛멕nutmeg처럼 계피와 비슷한 냄새가 나는 열매를 사용한다.

• **추가로 활용되는 감각** 고유 수용성 감각, 미각

향기 만들기

설명 나는 천연오일로 작업하는 걸 아주 좋아한다. 지난해 플레이 2 프로그레스 센터의 여름 캠프에서는 '향기가 나는' 마법 약을 만들었는데, 아이들의 반응이 기대보다 훨씬 좋았다. 아이들은 여러 가지 오일의 냄새를 맡으며 스프레이에 넣을지 말지 결정하는 작업을 매우 즐거워했다. 천연오일은 '괴물 기피제'가 될 수도 있다. 아이에겐 할머니에게서 얻은 레시피라고, 효과가 좋다고 말해 보자. 괴물들을 쫓아내는 스프레이라고!

- **준비물** 　－천연오일 몇 가지(일반적으로 라벤더 향이 가장 인기 있다)

  　　　　　－유리 스프레이 공병(나는 주로 120ml 크기를 사용하지만 어떤 크기든 괜찮다)

  　　　　　－증류수 또는 정수기 물
- **필요 공간** 　좁은 공간
- **필요 시간** 　10~15분
- **놀이 준비** 　테이블에 준비물을 놓는다.

1 아이에게 여러 천연오일의 냄새를 맡게 하고, 스프레이 공병에 넣을 오일을 골라보라고 이야기한다. 여러 개를 조합해도 좋다.

2 스프레이 공병에 천연오일을 5방울 떨어뜨린다.

3 물 120ml를 넣는다.

4 잘 섞어서 스프레이를 뿌려본다. 자기 전 침대 아래에 뿌리면 괴물이 나오지 않는다고 아이에게 알려준다. 괴물이 없다면 침대, 베개, 방 구석구석 어디든 아이가 원하는 곳에 뿌리도록 한다.

• **저난도** 선택지가 많으면 아이가 힘들어할 수 있다. 천연오일을 두 종류만 제시한다.

• **고난도** 안대를 추가한다. 보지 않고 냄새를 구별할 수 있을까?

• **추가로 활용되는 감각** 소근육

향기로운 쌀통

1   2   3   4   5

설명   핀터레스트에서 숱하게 볼 수 있는 쌀 놀이의 변형이다. 촉감 놀이에 또 하나의 감각 요소를 추가했다. 아이가 다양한 향기를 실험할 수 있는 활동이다.

- **준비물**   –통마다 쌀 4~6컵

    –큰 그릇

    –천연오일(혹은 갓 짠 레몬즙과 같은 자연적인 냄새가 나는 재료)

    –통

- **필요 공간**   좁은 공간
- **필요 시간**   10~15분
- **놀이 준비**   모든 준비물을 테이블에 올려놓으면 준비 완료다.

스크린 육아에서 벗어나는 8감 발달 놀이

놀이 방법

1 생쌀을 큰 그릇에 담는다.

2 아이에게 좋아하는 향의 천연오일을 고르게 한다.

3 고른 천연오일을 쌀에 몇 방울 떨어뜨린다. 10방울 정도로 시작
   했다가 부족하면 더하는 방식을 추천한다. 처음부터 20~25방
   울을 떨어뜨리면 향이 너무 강해질 수 있으니 주의하자.

4 아이가 숟가락이나 손으로 천연오일과 쌀을 잘 섞는다.

5 쌀을 말려서 통에 담고 손을 넣어 촉감 놀이를 한다.

· **저난도** 아이가 향기를 고르면, 천연오일을 쌀과 섞는 건 부모가 해준
다. 아이는 나중에 마른 쌀로 놀이를 한다.

· **고난도** 부모가 향기 나는 쌀을 만들고, 어떤 향기를 사용한 것인지 아
이가 맞춰 본다.

· **추가로 활용되는 감각** 촉각

라벤더 감각 자루

설명 아프거나 힘든 날, 향기 나는 쌀(★260쪽 참조)로 아이를 진
정시켜 줄 미니 온열 패드를 만들어 보자.

· 준비물   -라벤더 향 오일을 이용한 향기 나는 쌀 1컵

-깨끗한 큰 양말 1개

-숟가락

-깔때기(선택사항)

-전자레인지

· 필요 공간   좁은 공간

· 필요 시간   10분

· 놀이 준비   라벤더 향 오일을 넣어서 향기 나는 쌀을 만든다.

스크린 육아에서 벗어나는 8감 발달 놀이

1 아이가 양말 위쪽을 접는다.

2 양말의 2/3를 향기 나는 쌀로 채운다.

3 부모가 양말 위쪽을 단단히 묶는다.

4 전자레인지에 양말을 넣고 30초~1분 정도 예열한다. 15초마다 전자레인지 문을 열고, 양말이 얼마나 따뜻해졌는지 확인한다. 한 부분만 뜨거워지지 않도록 양말 안에 있는 쌀을 잘 섞는다.

5 아이에게 위안이 필요할 때, 이 양말을 데워서 손에 쥐어준다.

· 저난도   숟가락 대신 깔때기를 이용해 양말에 쌀을 채운다.

· 고난도   양말 끝을 아이에게 묶도록 한다.

· 추가로 활용되는 감각   소근육

향기 플레이도

설명 나는 시판 플레이도에서 나는 냄새를 싫어한다. 그래서 아이 손에 달콤한 냄새를 묻혀 줄 수제 플레이도 레시피를 사용한다. 게다가 천연재료만 사용한 것이다!

- **준비물**   -밀가루 1컵

  -소금 1/4컵

  -타르타르 크림 1테이블스푼

  -카놀라유 3테이블스푼

  -아이가 고른 천연오일 5~10방울

  -끓는 물 3/4컵

  -각 재료를 담을 작은 그릇이나 컵

  -믹싱 볼

- **필요 공간**   좁은 공간
- **필요 시간**   15~20분
- **놀이 준비**   모든 재료를 미리 계량한 다음, 테이블에 올려둔다.

1 믹싱 볼에 밀가루, 소금, 타르타르 크림을 담고 아이에게 섞도
  록 한다.

2 카놀라유를 추가해서 섞는다.

3 끓는 물과 천연오일을 추가해서 섞는다(이 부분은 어른이 한다).

4 반죽이 식으면 끈적끈적하지 않을 때까지 손으로 치댄다. 필
  요하면 베이킹할 때처럼 밀가루를 더해도 좋다.

5 플레이도가 완성되면 꼬마 예술가가 작업을 시작한다.

• **저난도**   아이가 반죽 섞는 걸 도와준다. 또는 부모가 미리 플레이도를
  만들어 준다.

• **고난도**   재료를 미리 계량하지 않고, 아이가 계량하도록 한다.

• **추가로 활용되는 감각**   고유 수용성 감각

후각을 위한 추가 활동

환경을 탐색하고, 식당이나 친구의 집에 가는 것만으로도 아이는 다양한 냄새에 노출된다. 하지만 다음과 같은 활동들도 권하고 싶다.

보드게임 및 기타 놀이

- 향기 나는 마커
- 부모와 함께 부엌에서 요리하기
- 긁으면 향기가 나는 책(혹은 스티커)
- 향기 나는 인형
- 천연오일 냄새 맡기

8장

✖

좋은 소리인걸!

청각

언제나 큰 소리로 말하는
아이를 위한 솔루션

놀이터, 문화센터, 생일파티에서 "엄마아아아아!" 하는 외침을 듣고, 내 아이 목소리인 걸 단번에 알아차린 적이 있는지 생각해 보자. 청각 시스템이 올바르게 작동한 덕분에 당신은 아이가 당신을 필요로 하는 걸 알고, 어디로 가야 하는지도 알았을 것이다.

청각 시스템은 다른 모든 감각처럼 복잡하며 아이의 전반적인 조절 능력과 학업 능력에 영향을 미친다. 잘 작동하는 청각 시스템은 의사소통에서 핵심적인 역할을 한다. 아이는 청각으로 놀이터 저편에서 친구가 외치는 소리를 듣고, 선생님의 지시를 듣는다. 잘 발달된 청각 시스템이 없다면 '가라사대' 놀이를 하는 것도, 같은 반 아이들의 이름을 익히는 것도, 다른 아이들이 내는 소리에 정신을 빼앗기지 않고 자기 작업에 몰두하는 것도 어려울 것이다.

작업 치료사 일을 시작한 지 얼마 되지 않았을 때 만난 제스는 대

8장 좋은 소리인걸!

단히 총명한 5세 아이로, 상상력이 풍부하고 장난을 잘 치는 사교적인 성격이었지만, 큰 소리를 힘들어했다. 제스는 나와 작업하던 기간에 디즈니랜드에서 열린 생일파티에 초대받았다. 그런데 제스는 불꽃놀이와 시끄러운 퍼레이드를 떠올리는 것만으로 공황 상태에 빠졌다. 아이는 독립기념일 행사, 라이브 공연, 생일파티 속 풍선으로 인한 시끄러운 소리가 자신을 힘들게 한다는 걸 알고 있었다. 제스의 가족은 파티나 공연에 가면 늘 긴장 상태였다. 큰 소리가 나면 제스가 낭장 자리를 벗어나려고 해서, 제스를 진정시켜야 했기 때문이다.

제스는 예민한 청각 때문에 하지 못하는 활동도 많았다. 디즈니랜드에서 열리는 생일파티도 놓칠 뻔했다. 우리는 청각의 예민도를 낮추는 작업을 하면서, 아이가 큰 소리를 견딜 수 있도록 돕는 몇 가지 전략을 개발했다. 예를 들어, 불꽃놀이가 열릴 때 노이즈 캔슬링 이어폰을 끼도록 하는 것이다(그리고 불꽃놀이 장소에서 가능한 한 멀리 떨어져 있는 것도).

아기는 엄마의 배 속에서도 엄마의 목소리를 들을 수 있다. 엄마의 목소리는 아기가 제일 좋아하는 목소리이자 가장 강하게 반응하는 목소리다. (아기가 울다가 부모의 목소리를 듣고 바로 진정하는 장면은 볼 때마다 감동적이다.) 아기는 자라면서 언어를 배우고, 소리를 구별하고, 위안이 되는 부모의 목소리를 알아듣기 시작한다. 그 과정에서 청각 시스템은 거듭 발달한다.

작업 치료를 할 때 나는 자주 언어치료사와 청각학자에게 조언을 구한다. 시력이 2.0이라고 시각 시스템이 잘 발달한 것이 아니듯, 청력이 좋다고 청각 시스템이 잘 발달한 것이 아니다. 아이는 자신이 듣는 소리를 처리하고, 배경의 소리를 무시할 줄도 알아야 한다. 여러 소리를 구별하고, 넓은 범위의 소리와 음량을 견딜 줄도 알아야 한다. 작업 치료사들은 아이들이 청각 자극을 조절하는 방식을 확인한다. 작은 소리에도 깜짝 놀라는지, 음량을 항상 최대로 올려놓는지를 살펴보는 것이다. 우리는 아이가 청각 자극에 과잉 반응 또는 과소 반응하는지 확인하고, 그것이 일상에 어떤 영향을 미치는지도 확인한다. 제스의 경우는 청각 자극에 과잉 반응을 보이는 아이였다.

소리를 견디는 정도는 사람마다 다르다. 나는 강렬한 음악을 좋아하지만, 음악을 작게 듣는 걸 선호하는 친구들도 있다. 아이가 진공청소기 소리에 짜증을 내거나 천둥소리에 깜짝 놀라는 건 자연스

청각 시스템

청각 자극	청각 처리	청각 출력
음파	뇌	소리 구별(무엇이 중요한 소리이고, 무엇이 배경 소리인지) 소리를 듣고 처리해서 반응 생성

8장 좋은 소리인걸!

러운 일이다. 하지만 이런 소리가 일상생활을 하는 데 영향을 주어서는 안 된다. 예민한 청각이 학습 또는 행사 참여에 영향을 주거나 아이가 큰 소리를 추구해서 의도치 않게 너무 큰 목소리로 말할 때 문제가 발생할 수 있다.

청각 시스템은 어떻게 작동할까

귀는 외이, 중이, 내이로 구성된다. 외이는 소리를 모아 중이로 보낸다. 고막은 소리가 만들어낸 진동을 느끼고, 진동은 내이에서 전기 신호로 변환되어 뇌로 전달된다. 뇌에서는 어떤 행동을 하라고 출력한다. 질문에 대답하거나 지시사항을 따르는 게 이에 해당한다. 청각 처리 기능 덕분에 아이는 소리를 구별하고('p'와 'b') 배경음과 집중할 소리를 구별하며(교실에서 중요한 능력이다) 들은 것을 기억하고(같은 반 아이들 이름) 들은 것의 순서도 기억한다(지시사항을 순서대로 따를 수 있다).

청각의 주요 기능

청각 구별: 청각 자극이 뇌에 도달하면 반응을 생성하고, 음량(자기 목소리가 얼마나 큰지 모르는 아이들이 있다)과 소리('b'인지 'd'인지)와 배

경음을 구별하고, 들은 것과 그 순서를 기억한다.

청각 조절: 아이가 소리를 너무 크게 느끼거나 조절력을 잃을 때가 있다. 반대로 부모 목소리를 아예 듣지 못하는 것처럼 느껴질 때도 있다(단순히 심부름을 하지 않으려고 못 들은 척할 경우를 제외하고). 유독 소리 자극을 추구하는 아이도 있다. 변기 물 내리는 소리를 듣고 압도돼서 우는 아이가 있는 반면, 드럼 소리를 좋아해서 식탁을 두드리며 비슷한 소리를 내려고 하는 아이도 있다.

8장 좋은 소리인걸!

그대로 멈춰라

....

설명 　온 가족이 함께할 수 있는 놀이. 아이가 비슷한 소리들을 구별하고, 필요 없는 소리는 무시하도록 돕는다. 이는 재잘거리는 아이들 사이에서 수업에 집중해야 할 때 꼭 필요한 기술이다.

....

- **준비물** 　-악기(어린이용 악기도 좋고, 냄비나 프라이팬을 써도 좋다)
  -음악
- **필요 공간** 　중간 크기의 공간
- **필요 시간** 　5~15분
- **놀이 준비** 　아이의 눈에 보이지 않도록 악기를 다른 물체의 뒤나 아래에 둔다.

놀이 방법

1 아이가 제일 좋아하는 음악을 낮은 음량으로 튼다.

2 이 놀이를 시작하기 전, '그대로 멈춰라'라는 신호로 사용할 소리를 아이에게 두어 번 들려준다(우쿨렐레 코드를 잡거나 작은 드럼을 친다). 단, 아이에게는 악기를 보여주지 않는다.

3 자, 이제 댄스파티를 열어 보자! 아이가 음악과 악기 소리를 들을 수 있는 곳에서 춤을 춘다.

4 악기로 1번씩 소리를 내다가 '그대로 멈춰라' 신호를 들려준다. 악기는 보이지 않는 곳에서 연주하되, 배경 음악은 계속 틀어 놓는다.

5 '그대로 멈춰라' 신호를 들으면 아이는 10초 동안 동작을 멈춘다.

6 '그대로 멈춰라' 신호를 새로 정하고 ①~⑤를 반복한다.

• **저난도** 배경 음악은 틀지 않고, 악기 소리가 잘 들리도록 한다. '그대로 멈춰라' 신호가 나올 때까지 아이에게 마음껏 움직이게 한다.

• **고난도** 배경 음악의 음량을 높여서 진짜 댄스파티를 연다.

• **아기를 위한 보너스 활동** 아기가 다양한 악기 소리를 탐색하게 한다.

• **추가로 활용되는 감각** 전정 감각, 고유 수용성 감각

8장 좋은 소리인걸!

분필 놀이

설명 보도블록에 낙서할 분필을 만들면서 순서 감각을 키워
보자.

- **준비물** -내용물을 짤 수 있는 통(다 쓴 샴푸 통이면 된다)

  -전분

  -물

  -식용색소 5방울(선택사항)

  -깔때기(선택사항이지만 권장)

- **필요 공간** 중간 크기의 공간

- **필요 시간** 5~15분

- **놀이 준비** 모든 준비물을 테이블에 올려놓는다. 이 레시피에서는 전
분과 물을 1대 1로 한다. 아이가 재료를 통에 쉽게 담을 수
있도록 필요한 재료를 계량한 다음, 따로 컵에 담아 둔다.

스크린 육아에서 벗어나는 8감 발달 놀이

1 놀이 시작 전, 아이에게 분필을 만드는 순서를 알려준다. 제일 먼저 통에 전분을 담고, 그다음 물을 부은 다음, (사용할 경우) 식용색소를 붓고, 마지막으로 뚜껑을 닫은 후 통을 흔들면 된다고 알려준다.

2 알려준 순서에 따라 아이가 기억해서 분필을 만들도록 한다.

3 아이에게 힌트가 필요한 듯 보이면, 전체 순서를 다시 반복해 알려준다. 아이가 어려워하면 "전분-물-식용색소-뚜껑-흔들기"라고 간단하게 키워드만 말해 준다.

4 재료를 모두 섞었다면, 보도블록에 뿌려서 그림을 그리게 한다.

- **저난도** 아이에게 모든 단계를 1번에 알려주는 대신, 2단계씩 2번에 나누어 알려준다.
- **고난도** 어려워해도 다시 알려주지 않는다.
- **추가로 활용되는 감각** 소근육

카피캣

설명 전화를 모티프로 한 이 전통 놀이는 자기 목소리가 얼마나
큰지 몰라서 적절한 음량으로 말하길 어려워하는 아이에
게 효과적이다. 카피캣copycat(모방하는 사람-옮긴이 주)이 듣
지 못하도록 작은 소리로 메시지를 전달하는 게 핵심이다.

- **준비물** 준비물은 필요 없지만, 리더, 팔로워, 카피캣 역할을 맡을
  사람이 있어야 하기에 적어도 세 사람이 필요하다(어른도 참
  여해도 좋다).
- **필요 공간** 중간 크기의 공간
- **필요 시간** 5~15분
- **놀이 준비** 한 사람이 카피캣이 된다. 카피캣은 리더가 다른 사람들에
  게 하는 말을 엿들으려고 한다. 리더는 카피캣이 듣지 못하
  도록 다른 사람들에게 속삭여 말한다. 모두 원형으로 서고,
  카피캣은 원의 한가운데 선다.

1 리더가 팔로워들에게 전달할 내용을 정한다. 예를 들면, "팔
  벌려 뛰기 3번 하기", "빨간 물건 찾기" 등이다.

2 리더가 팔로워에게 전달사항을 속삭인다. 팔로워는 다음 사람
  에게 그 내용을 전달한다.

3 카피캣은 전달되는 메시지를 엿들으려 애쓴다.

4 모든 팔로워에게 메시지가 전달된 다음, 리더가 "하나, 둘, 셋"
  하고 외친다. "셋" 할 때 모두 전달된 사항대로 행동한다. 카피
  캣이 들었을까? 못 들었을까? 카피캣이 전달사항을 엿듣고 똑
  같이 행동한다면, 카피캣이 이긴 것이다.

5 역할을 바꾸어 모두가 1번씩 카피캣 역할을 할 수 있도록 한다.

- **저난도** 카피캣이 더 멀리에 선다.
- **고난도** 인원을 늘리면 전달사항을 제대로 전달하기가 더 어려워진다.
- **추가로 활용되는 감각** 실행 기능

집에서 만든 악기

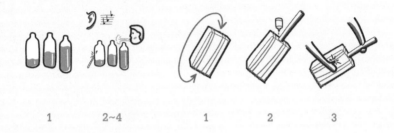

| 1 | 2~4 | 1 | 2 | 3 |

....

설명 음악은 청각 시스템을 활용하는 훌륭한 방법으로, 집에서
악기를 직접 만들어 보면 더욱 좋다.

....

- 준비물   -빈 병 여러 개(유리병 추천)

  -물

  -고무줄

  -빈 신발 상자 또는 작은 상자

  -젓가락

  -다 쓴 키친타월 심

  -풀

- 필요 공간   좁은 공간

- 필요 시간   20~30분

- 놀이 준비   모든 준비물을 꺼내 2가지 악기를 만들어 보자.

스크린 육아에서 벗어나는 8감 발달 놀이

실로폰 병

1 부모나 아이가 여러 병에 서로 다른 양의 물을 채운다.

2 유리병을 사용할 경우, 아이에게 젓가락으로 유리병 옆을 두 드려서 소리를 내게 한다. 생수 병과 같은 플라스틱병을 사용한다면, 플루트를 불듯이 병목 위를 불게 한다.

3 병에 든 물의 양에 따라 소리가 어떻게 달라지는지 귀 기울여 들어본다.

4 병으로 실로폰을 만들어 볼 수 있을까? 낮은음부터 높은음 순서로 병을 나란히 놓을 수 있을까?

고무줄 기타

1 신발 상자 뚜껑을 열고 고무줄 4개를 감는다.

2 상자 위에 키친타월 심을 풀로 붙인다.

3 기타가 완성되었다! 록 음악을 즐길 시간이다.

• 저난도 부모가 악기를 만들어서 아이에게 준다.

• 고난도 만든 악기로 연주할 수 있을까?

• 아기를 위한 보너스 활동 집에서 만든 기타를 아기가 쳐 보게 하자.

• 추가로 활용되는 감각 소근육, 촉각

박수, 딱, 쿵

설명 여름 캠프는 참 즐겁다. 나는 캠프에 카운슬러로 참여하면서 아이들과 함께 작업하는 일에 열정을 키우기 시작했다. 이 활동은 캠프에서 시간을 보내야 할 때 유용했는데, 몇 년이고 계속하게 될 줄은 몰랐다.

- **준비물**   없다!
- **필요 공간**   좁은 공간
- **필요 시간**   5~10분
- **놀이 준비**   역시 없다!

놀이 방법

1 아이와 등을 마주 대고 선다.
2 두 손바닥으로 내는 '박수' 소리, 손가락으로 내는 '딱' 소리, 발로 구르는 '쿵' 소리를 조합해서 순서를 만든다. 처음엔 쉽게 박수 3번으로 시작하고, 점점 더 어렵게 만든다. 박수, 딱, 쿵 3가지 소리만 이용한다.

3 아이가 순서대로 따라 하게 한다.

4 이제, 아이 차례다! 아이가 새로운 순서를 만들고, 부모가 따라
   한다.

5 번갈아 순서를 만들고 따라 한다.

- **저난도** 아이와 부모가 등을 맞대지 않고 서로 마주 본다.
- **고난도** 순서를 쌓아나갈 수 있을까? 부모가 '박수, 박수, 박수'를 하면
  아이가 '박수, 박수, 박수, 쿵, 쿵'을 하고, 부모가 '박수, 박수, 박수, 쿵,
  쿵'에 새로운 걸 더하는 식이다. 얼마나 오래 가는지 보자.
- **추가로 활용되는 감각** 실행 기능, 고유 수용성 감각

팻 더 뱃, 뱃 더 팻

....

설명   어려운 개념을 재미있게 익힐 수 있는 활동이다. 청각 시스템에 어려움을 겪는 아이에겐 힘들지도 모르니, 최대한 쉽고 재미있게 해보자.

....

- **준비물**   없다!
- **필요 공간**   좁은 공간
- **필요 시간**   5~10분
- **놀이 준비**   역시 없다!

놀이 방법

1. 아이에게 '팻pat'을 들을 때마다 박수를 치거나 발을 구르라고 한다.

2. '팻'과 '뱃bat'을 다양하게 섞어서 말한다. 아이가 전달사항을 이해하고, '팻'이 들릴 때마다 박수를 치는지 확인한다. 예를 들어, 이렇게 말한다.

   쉬운 버전   뱃, 뱃, 뱃, 뱃, 뱃 (쉬었다가) 팻 (쉬었다가) 뱃, 뱃

   어려운 버전   뱃, 팻, 팻, 뱃, 팻, 뱃, 뱃, 뱃, 팻

   더 어려운 버전   팻, 뱃, 팻, 뱃, 뱃, 팻, 뱃, 팻, 팻, 팻, 뱃, 팻, 뱃

스크린 육아에서 벗어나는 8감 발달 놀이

- **저난도** "뱃"이나 "팻"이라고 말하고 1초씩 쉰다.

- **고난도** 더 빠르게 말한다(부모도 혀가 꼬일 수 있다). 아이가 소리를 얼마

  나 빠르게 인식하는지 확인해 보자.

- **추가로 활용되는 감각** 고유 수용성 감각

뮤직박스 찾기

설명   아이가 소리를 따라가서 뮤직박스를 찾아낼 수 있을까?

- **준비물**   작은 뮤직박스(뮤직박스가 없으면 작은 휴대용 스피커도 좋다)
- **필요 공간**   중간 크기의 공간
- **필요 시간**   5~10분
- **놀이 준비**   뮤직박스를 틀되 물건은 숨긴다.

놀이 방법

1   아이에게 뮤직박스 찾는 걸 도와달라고 말한다.

2   아이가 뮤직박스를 찾으러 간다.

3   뮤직박스를 찾으면 다른 곳에 숨기고 놀이를 반복한다.

- **저난도** 뮤직박스를 찾기 쉬운 곳에 숨긴다.

- **고난도** 소리가 묻히는 소파 같은 곳에 뮤직박스를 숨긴다. 아이가 여전히 소리를 듣고 뮤직박스를 찾을 수 있을까?

- **아기를 위한 보너스 활동** 뮤직박스를 담요 아래 숨기고 아기에게 찾도록 한다.

- **추가로 활용되는 감각** 시각

노래 제목 맞추기

설명 가족끼리 모여 노는 밤에 이 놀이를 제안해 보자. 아이들부터 할머니, 할아버지까지 모두 즐거울 것이다. 나는 디즈니 클래식 음악을 선호하지만, 아이가 제일 좋아하는 음악으로 바꾸어도 좋다.

- 준비물   음악을 재생할 기기
- 필요 공간   좁은 공간
- 필요 시간   5~10분
- 놀이 준비   아이가 아는 음악의 연주곡 버전 플레이리스트를 준비한다.

놀이 방법

1 아이에게 노래 제목 맞추기 놀이를 하자고 제안한다.

2 재생 버튼을 누르고 아이에게 노래 제목을 맞춰 보라고 말한다. 제목이 생각나면 종이에 적고(아직 글씨를 쓰지 못하는 아이라면 그려도 좋다) 엄지손가락을 들라고 한다. 라피^{Raffi Cavoukian}(어린이 동요 음악가-옮긴이 주)의 동요부터 디즈니 OST까지 어떤 음악이든 좋지만, 가사가 없더라도 아이가 알아들을 수 있는 음악이어야 한다.

스크린 육아에서 벗어나는 8감 발달 놀이

3   모두 답을 쓰면 종이를 뒤집고 누가 맞혔는지 알아본다.

4   다른 노래로 반복한다.

• **저난도**   가사 있는 노래를 사용한다.

• **고난도**   제목을 적는 데 시간제한을 둔다.

• **추가로 활용되는 감각**   소근육

청각을 위한 추가 활동

어린 시절에 하는 놀이는 대부분 주의 깊게 듣거나 전달사항을 따라야 하는 것들이다. 내가 권하는 놀이는 다음과 같다.

실외 및 실내 놀이

- 시몬 가라사대
- 심부름 놀이(예를 들어, "빨간색과 파란색 콩주머니 또는 신발, 코트, 셔츠를 갖다줘.")
- 의자 뺏기 놀이
- '그대로 멈춰라'
- 악기 연주
- 노래 만들기
- 박자에 맞춰 박수 치기
- 공원에 가서 들리는 소리에 이름 붙이기
- 전화 놀이
- 레드 로버red rover(손 끊기 놀이와 유사하다─옮긴이 주)

보드게임

- 훌라발루hullabaloo

스크린 육아에서 벗어나는 8감 발달 놀이

9장

✕

내 몸 알아차리기

내수용 감각

배변 훈련이 힘든
아이를 위한 솔루션

이 책에서 소개할 마지막 감각은 가장 깊이 숨어 있는 감각이다. 어쩌면 이름조차 생경할지 모른다. 내수용 감각이란 몸 안에서 일어나는 일을 알아차리는 감각을 일컫는다. 이 감각은 우리가 추운지 더운지, 배가 고픈지 목이 마른지, 화장실에 갈 필요가 있는지를 알려준다. 우리 몸 안의 느낌을 근거로 몸 상태를 해석하는 데 도움을 주기도 한다. 그래서 내수용 감각은 전반적인 조절에 꼭 필요하다. 내수용 감각을 연구해 《내수용 감각 커리큘럼*The Interoception Curriculum*》이란 책을 펴낸 켈리 말러*Kelly Mahler*는 이 감각은 "지금 내가 무엇을 느끼고 있지?"라는 질문에 답한다고 말한다. 내수용 감각은 우선 신체의 느낌을 알아차리고, 그 느낌에 걸맞은 행동으로 몸의 균형을 되찾도록 돕는다. 즉, 배가 고프다고 느끼면 먹는 것이다.

내수용 감각의 기능과 영향을 설명하는 사례 중 하나가 배변 훈련이다. 배변 훈련은 보통 3세 전후에 이루어지는데(물론 아이마다 다르다), 첫 단계는 아이가 화장실에 가야 한다는 사실을 알아차리는 것이다. 내수용 감각은 우리가 배변할 필요가 있다고 알아차리도록 돕는다. 화장실에 가야 한다는 사실을 몸으로 느끼지 못하는 아이가 어떤 어려움을 겪게 될지 상상해 보라. 배변 훈련이 늦어지는 것은 부모와 아이 모두에게 힘든 일이다. 특히 어린이집이나 유치원에 아이를 보내기 위해 배변 훈련을 해야 한다는 압박이 있을 때 더욱 그렇다.

내수용 감각은 배고픔이나 목마름도 느끼게 해준다. 내수용 감각이 잘 발달한 아이는 배에서 꼬르륵 소리가 나면 간식을 먹거나 간식을 달라고 요청할 줄 알고, 배가 부르면 음식을 그만 먹을 줄도 안다. 따뜻한 날, 놀이터에서 놀다 보면 내수용 감각이 이제 목이 마르니 시원한 음료를 마시라고 알려준다.

내수용 감각은 또한 우리가 몸으로 경험하는 감정들을 이해하도록 한다. 아이는 밤중에 '끼익' 소리가 들려서 옷장 속에 괴물이 숨어 있거나 침대 밑에 무언가 있다고 생각할 때, 심장이 빠르게 뛰는 걸 느낀다. 두려움으로 인해 심장이 쿵쾅거리는 걸 느끼고, 불을 켠 다음 아무것도 없다는 것을 확인한 후에야 스스로 안전하다고 느낀다. 내수용 감각이 잘 발달한 아이들은 이런 종류의 감정들을 (신체적 느낌과 연결된 감정들을) 더 깊이 느낀다. 내수용 감각은 감정 조절에 필수적이다. 아이는 몸 안에서 오는 신호를 알아차리고 그것이 무슨 의미인지 해석해야만 화장실로 달려가거나, 정신을 잃기 전에 간식을 입에 넣을 수 있다. 부모와 교사들은 내적 신호를 읽는 법을 배우는 중인 아이들을 위해 이런 말로 몸의 느낌을 이해시킬 수 있다. "몸을 비비 꼬는 걸 보니, 혹시 화장실에 가고 싶니?"

내수용 감각에 관해 알면 알수록, 이 감각을 발달시키기 위해 내가 해온 노력을 다시금 생각하게 된다. 엄마의 증언에 따르면, 나는 배변 훈련을 절대 하지 않으려 하는 아이였다. 그러나 성인이 되어서는 자가면역질환을 앓게 되어 건강을 지키고 나 자신을 보호하기 위해 내 몸의 신호에 예민하게 집중하는 법을 배워야 했다. 어렸을 적 나는 멀쩡히 놀다가도 순식간에 생떼를 부리는 아이였다. 감당할 수 없는 지경에 이르기 전까지는 내 감정이 어떻게, 어디서 드러나고 있는지 알아차리지 못했던 것이다. 성인이 되어 '알아차림^{mindfulness}'을 접한 뒤에야 나는 내 감정이 어디서 비롯되는지 알 수 있었고, 내면의 전반적인 상태를 평가하는 능력을 갖추게 되었다. 오늘날 나는 내가 불안하다는 걸 알아차릴 수 있고, 언제 한 발짝 뒤로 물러나야 하는지도 안다. 몸 상태가 나빠지는 걸 느끼면 영양이 풍부한 음식을 챙겨 먹고 휴식을 취한다.

우리 센터에서는 몸이 보내는 신호와 정보를 스스로 알아차리는 법을 가르친다. 이때 부모가 구체적인 언어를 사용하면 아이들에게 도움이 된다. 예를 들어, "이런, 지금 감정이 격해졌구나. 컵을 던진 걸 봤어. 네 몸 안에 나쁜 감정이 가득 찬 것처럼 느껴질 거야"라고 말이다. 특히 감정에 관해 자세히 설명해 주면 좋다. 아이가 스스로 기분이 나쁘다는 첫 번째 신호를 몸으로 알아차리면, 우리 작업 치료사들이 '진정의 도구'라고 부르는 수단을 활용할 수 있다.

진정의 도구들

....

- **진정할 수 있는 공간을 만들어주어라.** 자극이 차단된 텐트나 방 한구석이면 된다. 아이에게 벌을 주기 위한 공간이 아닌 묵직한 봉제 인형과 한두 권의 책, 쿠션 몇 개가 놓인 위안의 공간인 셈이다(★185쪽 참조).

- **집이나 학교에 아이가 진정하는 데 도움이 되는 도구를 두어라.** 찌그러뜨릴 수 있는 공, 피젯 토이(손에 들고 다니며 만지작거릴 수 있는 장난감-옮긴이 주), 작고 묵직한 공, 스트레칭용 밴드 등이 있다(★93쪽 참조).

- **감정 조절이 어려울 때 유용하게 사용할 반짝이 병을 만들어주어라(★304쪽 참조).**

- **심호흡하고 진정하는 데 도움이 되도록 안정 효과가 있는 천연오일을 만들어주어라.**

스크린 육아에서 벗어나는 8감 발달 놀이

내수용 감각 시스템은 어떻게 작동할까

사람 몸에는 내수용 감각 수용기가 여럿 있다. 이런 수용기가 만든 신호들은 항상성(조절된 상태로 잘 기능하는 능력)을 다루는 뇌 영역으로 전달된다. 이렇듯 내수용 감각은 상당히 복잡한 감각이다(사실 내수용 감각을 하나의 감각으로 분류하는 게 옳은지에 관해 논란이 있지만, 이 책에서는 8번째 감각으로 간주하기로 한다).

'내수용 감각 인지interoceptive awareness'라는 용어를 들어 보았을 것이다. 이는 내적 신호(예를 들어, 배부름, 피곤함)를 알아차리고, 그에 대해 행동을 실행하여 조절된 상태 혹은 항상성을 유지하는 능력을 일컫는다. 유아의 내수용 감각 발달에 관한 연구는 많지 않지만, 한 연구에 따르면 내적 신호에 특히 예민한 아이들이 있다고 한다(심박

내수용 감각 시스템

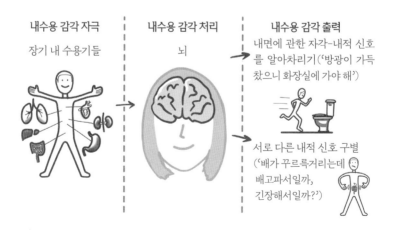

내수용 감각 자극	내수용 감각 처리	내수용 감각 출력
장기 내 수용기들	뇌	내면에 관한 자각-내적 신호를 알아차리기('방광이 가득 찼으니 화장실에 가야 해')
		서로 다른 내적 신호 구별('배가 꾸르륵거리는데 배고파서일까, 긴장해서일까?')

수를 이용한 연구였다). 최근에는 내수용 감각 및 내수용 인지가 불안, 자폐, ADHD, 다른 감정 및 행동 장애에서 어떤 역할을 하는지 조사하는 연구도 이루어지고 있다. 내적 신호에 관한 이해는 아이들의 사회 지각과 조절력, 직감을 키우고, 학교와 사회에서 성취감을 느끼는 바탕이 되어준다.

내수용 감각의 주요 기능

내수용 감각 구별: 서로 다른 내적 신호를 구별할 줄 아는 건 중요하다. 예를 들어, 배가 고파서 속이 꾸르륵거리는 건 메스꺼움과 다르다. 느낌을 알아차리고 그에 알맞게 행동하는 능력을 지닌 아이는 자기 몸을 편안하게 느낀다. 반면 자기 몸의 신호를 이해하기 어려워하고 그 신호가 정확히 어디서 오는지 알지 못하는 아이는 불안과 조절의 어려움을 겪는다. 친구네 집에 놀러 가기 전, 속이 울렁거리는 건 기대감 때문인데 두려움 때문이라고 오해하고 긴장할 수도 있다.

내수용 감각 조절: 다른 7가지 감각과 마찬가지로, 우리는 내수용 감각 자극에 관해서도 정확히 알맞은 반응을 추구한다. 아이는 느낌이나 감정에 관해 받은 메시지에 과잉 반응하거나 과소 반응할 수 있다. 마지막 순간까지 화장실에 가야 한다는 느낌을 받지 못하거나

지나치게 예민해서 실제로 가야 하는 상황이 아닌데 화장실로 달려
갈 수 있다.

내 몸 어디서 느껴질까?

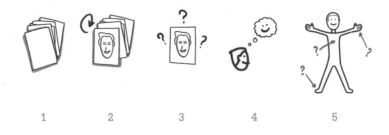

1   2   3   4   5

설명 '알아차림'을 연습하는 활동으로, 감정이 몸 안 어디에서 어떻게 느껴지는지 아이가 알아차리도록 돕는다. 다만 부모 주도의 놀이가 되지 않도록 유의하며 아이에게 생각하고 답할 시간을 충분히 줘야 한다. 어른과 달리 아이는 몸의 느낌을 잘 모를 수 있다. 부모의 몸과 아이의 몸이 다르다는 것도 유념하자.

· **준비물** -감정이 분명하게 나타난 얼굴 사진들(잡지에서 오린 것도 좋지만, 아이의 실제 사진을 사용하기를 추천한다)

-풀

-두꺼운 종이나 명함지

· **필요 공간** 좁은 공간

· **필요 시간** 10~15분

· **놀이 준비** 얼굴 사진을 두꺼운 종이나 명함지에 붙여서 카드로 만든다.

1 테이블에 감정 카드를 뒤집어 놓거나 쌓아 놓는다.

2 아이가 카드를 선택한 다음 뒤집어서 이미지를 확인한다.

3 아이에게 카드 속 얼굴에 어떤 감정이 있는지 묻는다.

4 그 감정을 느꼈을 때 어떤 기분이었는지 이야기해 달라고 한다.

5 그 감정을 몸 안 어디에서 느끼는지 짚어 보라고 한다. 도움이
   필요하면 예를 들어준다. "나는 무서울 때 심장 박동이 커지는
   걸 느껴", "나는 흥분했을 때 팔과 다리에 그 느낌이 전달되어
   서 깡충 뛰고 싶어"라고 말이다.

6 모든 카드를 사용할 때까지 ①~⑤를 반복한다.

- **저난도**　아이가 카드 속 인물의 감정과 자신이 겪었던 감정을 연결하는
  걸 어려워한다면 도움을 준다. 예를 들어, "저번에 디즈니랜드에 갔을
  때 너는 참 신났었잖아!"라고 기억을 상기시켜 준다.

- **고난도**　'지루함'과 같이 추상적인 감정을 사용한다.

- **추가로 활용되는 감각**　고유 수용성 감각

풍선 빵!

설명 아이에게 자신의 심장 박동을 느끼는 방법과 놀라거나 무서울 때 심장 박동이 빨라진다는 사실을 알려주는 쉬운 활동이다.

- **준비물** –풍선
  –풍선을 터뜨릴 물건(나는 클립을 사용한다)
- **필요 공간** 좁은 공간
- **필요 시간** 10~15분
- **놀이 준비** 풍선을 불어둔다.

놀이 방법

1 아이에게 풍선을 터뜨린 다음 심장에서 어떤 느낌이 드는지 같이 알아보자고 말한다.

2 아이에게 풍선이 터지면 심장이 어떻게 될지 예측해 보라고 한다.

3 언제 풍선을 터뜨릴지는 아이에게 말하지 않는다.

4 풍선을 갑자기 터뜨린다.

스크린 육아에서 벗어나는 8감 발달 놀이

5 아이가 심장에 손을 올리고 심장 박동이 빨라졌는지 확인한다.

6 놀라거나 무서울 때 심장이 빨리 뛴다는 사실에 관해 이야기
   한다.

· **저난도** 깜짝 놀라는 상황을 아이가 힘들어한다면, 아이에게 풍선을 터
  뜨리게 한다.

· **고난도** 불을 끄고 어둠 속에서 활동한다.

· **추가로 활용되는 감각** 청각

반짝이 병

설명　아이가 힘겨운 상황을 겪을 때 잠시 멈춰서 심호흡할 수 있도록 돕는 도구를 함께 만들어 보자. 반짝이 병은 대단히 효과가 좋은 데다 아이들이 쉽게 활용할 수 있는 장점이 있다(한 아이는 아빠가 기분이 안 좋아 보일 때 아빠에게 반짝이 병을 건네주기도 했다).

- **준비물**　－메이슨 자 mason jar(또는 입구가 넓고 뚜껑이 있는 유리병)

　　　　　－물 1컵

　　　　　－풀 1/4컵

　　　　　－아이가 고른 반짝이 1/2컵

- **필요 공간**　좁은 공간

- **필요 시간**　5~10분

- **놀이 준비**　모든 준비물을 테이블에 놓는다.

놀이 방법

1　아이가 메이슨 자에 물을 붓는다.

2　다음으로 풀을 넣는다.

3　그다음 반짝이를 넣는다.

4 메이슨 자의 뚜껑을 닫고 잘 밀봉되었는지 확인한 다음, 모든 재료가 잘 섞이도록 흔들어준다. 병을 더 단단히 밀봉하고 싶으면 뚜껑을 닫기 전 안쪽 면에 글루건을 바른다.

5 아이에게 이 병을 흔들어보라고 한다. 떠다니는 반짝이는 우리 마음속에서 떠오르는 많은 생각과 감정과 비슷하다고 설명해 준다. 반짝이가 천천히 유리병 바닥에 가라앉는 모습을 보면서 심호흡하면 마음을 진정시킬 수 있다고 알려준다.

6 기분이 좋지 않을 때는 반짝이 병을 이용해 나쁜 기분에서 벗어난 다음, 심호흡하고 대화로 문제를 해결하라고 알려준다.

• **저난도**　아이를 위해 병을 만들어 준다.

• **고난도**　다양한 감정에 해당하는 반짝이를 넣는다(예를 들어, 분노는 별 모양 반짝이, 슬픔은 보라색 반짝이).

• **추가로 활용되는 감각**　소근육

9장 내 몸 알아차리기

내수용 감각을 위한 추가 활동

다음 활동들은 아이가 자기 몸 안에서 일어나는 일들에 집중하도록 돕는다.

실외 및 실내 놀이

- 요가
- 켈리 말러의 바디 체크 차트Body Check Chart(자신의 신체 신호를 인지하고 이해할 수 있도록 지원하는 신체 메뉴 카드 15장)

책

- 가비 가르시아Gabi Garcia,《내 몸에 귀 기울이기Listening to My Body》(Skinned Knee Publishing, 2017).
- 케리 리 맥클린Kerry Lee MacLean,《평화로운 돼지 명상Peaceful Piggy Meditation》(Albert Whitman & Company, 2004)

명상 앱

- 인사이트 타이머 포 키즈Insight Timer for kids
- 헤드스페이스 포 키즈Headspace for kids
- 캄Calm
- 모쉬Moshi

스크린 육아에서 벗어나는 8감 발달 놀이

10장

✖

계획 세우기

실행 기능

스마트폰 없이는 아무것도 못 하는
아이를 위한 솔루션

8가지 감각을 모두 소개했으니, 이제 새로운 개념에 관해 이야기할 차례다. '실행 기능^{praxis}'이라는 단어가 낯설지도 모르겠다. 하지만 실행 기능이 작동하는 모습은 분명히 본 적이 있을 것이다. 우리가 매일 사용하는 기능이니까. 아이는 다양한 상황과 신체적 난관에 노출되었을 때 실행 기능을 발달시킨다. 《감각 통합과 어린이^{Sensory} $_{Integration\ and\ the\ Child}$》에서 진 에어스는 "실행 기능이란 새 활동을 관념화하고, 계획하고, 순서를 짜는 능력"이라고 정의한다. 커다란 놀이 구조물이 있는 공원에 가면 아이는 어떻게 구조물에 올라갈지 계획하고, 정상에 올라가기 위한 움직임을 실행해 정상에 오른다.

예상하겠지만, 실행 기능은 아이의 자존감과 소속감에 막대한 영향을 미친다. 나는 나의 실행 기능이 유년 시절의 자신감에 어떤 영향을 줬는지 자주 생각한다. 나는 조정력이 아주 좋은 편은 아니었지만, 노력파로서 그럭저럭 많은 활동을 해낼 수 있었다. 그런데 초등학교 3학년 때부터 고등학교 2학년까지 내내 치어리더로 활동하다가 고등학교 3학년 때 팀에서 잘리고 말았다. 나는 좌절했고, 자신감이 꺾였다. 여러 해가 지나 작업 치료사 교육을 받고 요가를 시작하며 감각 시스템에 관해 알게 된 다음에야 내게 무엇이 부족했는지 이해할 수 있었다. 생애 초기에는 거부당하고, 자신감에 상처를 입는 것보다 훨씬 더 좋은 경험들이 많다. 나는 아이들이 전자보다 후자를 누리도록 돕고 싶다.

나는 실행 기능을 작은 요소들로 나누어 아이들이 각 단계에 숙달하도록 돕는다. 첫 번째는 관념화(무엇을 하고 싶은지 생각하는 것)이고, 두 번째는 운동 계획과 순서(어떤 단계가 필요한지 알아내고 단계들의 순서를 정하는 것)이며 마지막 세 번째는 계획 실행이다. 좀 더 세세하게 나누어 보자.

실행 기능은 어떻게 작동할까

아이들이 스크린을 보는 시간이 늘어나고, 불이 들어오거나 스스로 움직이는 장난감과 친해지면서 관념화에 어려움을 겪는 경우가 늘고 있다. 대부분의 전자 게임은 미리 정해진 길이나 움직임의 순서를 따르므로 게임을 한다는 건 수동적인 반복 행동에 불과하다. 게다가 게임을 하는 데는 창의력이 쓰이지 않는다. 또한 많은 장난감이 **노는 법**이 정해져 있고, 제한된 선택지만 준다. 예를 들어, 양동이와 막대기로는 다양한 놀이를 할 수 있는 반면, 건전지가 들어간 트럭 장난감으로는 앞뒤로 굴리는 놀이밖에 할 수 없다. 전자와 같은 열린 장난감^{open-ended toys}(독창적으로 가지고 놀 수 있는 장난감)은 이제 장난감 업계에서 쉽게 찾아볼 수 없다. 집 안의 물건을 이용해 아이의 상상력을 자극하는 기술의 명맥이 끊어지고 있다(이것이 플레이2 프로그레스 센터에서 단순한 동물 자석을 만든 이유다). 온라인으로 진행하는 음악 운동 수업에서 나는 아이들에게 집 안을 뛰어다니면서 악기로 쓸 만한 물건들을 모아 오라고 이야기한다. 이때 규칙은 하나뿐이다. 진짜 악기여선 안 된다는 것. 처음 이 놀이를 도입했을 때, 나는 아이들이 냄비와 프라이팬 그리고 두드려서 소리를 낼 수 있는 물건들을 가져오리라 기대했다. 하지만 많은 아이가 악기로 쓸 만한 물건을 하나도 찾지 못했다(바비 인형을 가져온 아이도 있었다).

열린 장난감

. . . .

열린 장난감은 상상 놀이에 필수이며 모든 종류의 놀이에 사용될 수 있다. 냄비와 프라이팬은 드럼 세트가 될 수 있고, 컵과 모자는 유니콘 뿔이 될 수 있으며, 판지 상자는 경주용 차와 우주선, 봉제 인형의 집이 될 수 있다. 아이에게 건전지로 작동하는 장난감 대신 이런 것들을 건네보자.

놀이를 하고 싶은 아이는 제일 먼저 무얼 할지 정해야 한다. 예를 들어, 마당에서 양동이를 찾았다면 양동이에 물을 채우고 마당 반대쪽으로 끌고 가서 꽃에 물을 줄 수도 있고, 양동이를 뒤집은 다음 막대기로 드럼 연주를 할 수 있다. 이게 관념화, 즉 추구할 아이디어를 찾는 과정이다.

관념을 형성한 아이는 다음으로 행동을 계획하고 순서를 정해야 한다. 양동이에 물을 채우기로 했다면, 어떻게 하면 될까? 아이는 양동이를 기울이면 그 안의 물이 흘러나온다는 것을 발견할 것이다. 혹은 양동이를 수도 호스에 더 가까이 가져가면 더 쉽게 물을 채울 수 있다는 것을 알게 될 것이고, 양동이에 물을 가득 채워도 꽃에 그 물을 전부 줄 수 없다는 걸 알게 될 것이다. 양동이로 드럼을 만들기로 했다면, 드럼 스틱이 될 막대기는 어디서 얻으면 될까? 길을 따라갈까, 꽃 사이를 가로질러서 갈까? 이런 방식으로 아이에게 운동 계획과 탐색의 기회를 제공해 보자. 특정 행동(예를 들어, 신발 끈 묶기)을 위한 운동 계획을 배우고 연습한 아이는 이것을 기억하고 반복할 수 있다.

마지막 단계는 계획을 실행하는 것이다. 즉, 행동을 완수하는 것. 아이는 양동이를 들고 마당을 가로질러서 호스를 양동이 안에 넣어 물을 채운 다음 꽃에 물을 준다. 특정 행동을 해내려면 근육의 힘과 신체 능력 역시 필요하다. 계획대로 모두 해내지 못하더라도 괜찮다. 양동이가 너무 무거우면 물을 조금 덜 수 있다. 호스까지 몇 차례 오가도 된다.

짐작하겠지만, 실행 기능과 운동 계획은 다른 감각들에 영향을 받는다. 운동 계획에서 어려움을 겪는 아이에겐 실행 장애가 있을 수 있다. 실행 장애(실행 기능의 장애)가 있는 아이는 서투르고, 소근육과 대근육을 잘 쓰지 못한다. 이는 아이의 교우 관계와 자신감에 영향을 준다. 실행 장애가 있는 아이는 활동적인 놀이보다 혼자 하는 정적인 놀이를 선호하는데, 이는 비만을 비롯해 활동적이지 않은 라이프 스타일에 익숙해지는 단점을 초래할 수 있다. 하지만 운동 계획의 많은 부분이 시행착오로 이루어진다는 걸 기억하길! 양동이에 물을 담는 아이는 처음에는 물을 많이 흘리겠지만, 반복을 통해 숙달에 이르면 더 잘하게 될 것이다. 그러니 보고 있기 힘들더라도 아이를 격려해 줘야 한다.

실행 기능을 키우는 제일 좋은 방법 중 하나는 탐험과 놀이다. 아이에게 집 안에서 무엇이든 갖고 놀게 해보자. 요새를 만들고, 마당으로 탐험을 떠나고, 상상 놀이를 하도록 격려해 보자!

바닥은 용암 지대

1~2   3~4   5

설명   텔레비전을 덜 보던 과거에 수많은 세대의 아이들이 이 놀이를 했다. 단, 화상을 입지 않도록 주의할 것!

• **준비물**   아이가 딛고 설 수 있는 물건(소파 쿠션, 바닥조명, 요가 매트, 스툴, 빨래 바구니 등)

• **필요 공간**   넓은 공간

• **필요 시간**   30분 이상

• **놀이 준비**   모든 물건을 한데 쌓아둔다.

놀이 방법

1 아이와 함께 출발점(예를 들어, 부엌 식탁)을 정한다.

2 도착점(예를 들어, 거실 소파)을 정한다.

3 아이에게 바닥이 용암 지대로 변하려 하니, 몸이 용암에 닿지 않도록 출발점부터 도착점까지 무사히 갈 수 있는 길을 만들어야 한다고 말한다.

4 30분 정도 시간을 주고(필요하다면 시간을 더 준다) 길을 만들게 한다. 아이가 만든 길이 잘못되었다면, 지적하기보단 만든 길을 한번 걸어 보라고 이야기한다. 안전을 위해 어른의 도움이 필요할 수 있다.

5 길을 모두 만들면, 용암이 곧 폭발하니 길을 따라 도착점까지 가라고 말한다.

• **저난도** 부모가 장애물 코스를 만들고, 아이가 출발점부터 도착점까지 간다.

• **고난도** 시간과 길을 만들 물건의 개수에 제한을 둔다(예를 들어, 쿠션 1개, 빨래 바구니 1개, 의자 2개 식으로). 아니면 특정 물건만 사용해야 한다고 조건을 붙인다(예를 들어, 파란색 빨래 바구니, 노란색 쿠션만 사용). 그리고 길을 만들 때 사용할 물건을 아이가 집 안에서 직접 구해 온다.

• **아기를 위한 보너스 활동** 아기에게 맞는 장애물 코스를 만든다. 제일 좋아하는 장난감을 쿠션 건너편에 두고 아기가 쿠션을 어떻게 기어오르는지 본다.

• **추가로 활용되는 감각** 고유 수용성 감각

부엌 록 밴드

설명 누구나 밴드를 결성할 수 있다. 악기가 없어도 괜찮다. 냄비와 프라이팬으로 드럼을 만들며 실행 기능의 중요한 첫 번째 단계인 관념화를 연습해 보자.

- **준비물** 집 안 물품들(냄비, 프라이팬, 밀폐용기, 컵, 블록, 나무 숟가락)
- **필요 공간** 좁은 공간
- **필요 시간** 20~30분
- **놀이 준비** 준비는 필요 없다.

놀이 방법

1 부엌 록 밴드를 결성할 시간이다. 아이에게 부엌 록 밴드는 전통적인 악기를 사용하지 않으니, 직접 악기를 만들어야 한다고 알려준다. 집 안(혹은 방 안)을 돌아다니며 악기로 사용할 수 있는 물건을 찾아보자고 이야기한다.

2 아이가 직접 물건들이 어떻게 소리를 내는지 탐색하도록 한다 (부모가 아이에게 알려주지 않도록 유의한다).

3 아이가 악기를 만들면 이제 연주를 시작할 시간이다.

4 다른 악기도 만들 수 있을까? 같이 즉흥 연주를 할 수 있을까?

• **저난도** 아이가 악기로 사용할 수 있는 물건을 꺼내 놓고 아이의 시작을 돕는다.

• **고난도** 시간제한을 두고, 특정한 방에서 찾은 물건만 악기로 사용할 수 있다고 말한다.

• **아기를 위한 보너스 활동** 아기에게 통을 가지고 놀게 한다. 냄비와 프라이팬으로 소리를 내도록 한다.

• **추가로 활용되는 감각** 청각

무엇이 될 수 있을까?

설명 어디서든 무엇이든지 이용해 할 수 있는 상상 놀이. 머리빗을 마이크 삼아 밴드 핸슨^Hanson(미국의 팝 록 밴드-옮긴이 주)의 음악에 맞춰 노래하던 나의 어린 시절이 떠오른다(이상한 사람 아닙니다). 관념화를 연습하기에 아주 좋은 활동이다.

· 준비물 손으로 들 수 있는 물건이라면 무엇이든지. 지금 손에 무엇을 들고 있는가? 이 책인가? 좋다! 포크, 플라스틱 통, 숟가락 뭐든 좋다.

· 필요 공간 좁은 공간

· 필요 시간 5~10분

· 놀이 준비 준비는 필요 없다.

놀이 방법

1 아이에게 물건 3개를 주고, 이 물건들이 얼마나 많은 것으로 변신할 수 있는지 묻는다. 몸과 주변 물건을 활용할 수 있다. "이 그릇은 모자가 될 수 있을 것 같은데?"라고 예를 들어 줘도 괜찮다.

스크린 육아에서 벗어나는 8감 발달 놀이

2 시간을 1분으로 제한하고, 아이에게 물건의 용도를 가능한 한
  많이 생각하게 한다. 컵은 전화기가 될 수 있을까? 유니콘 뿔
  은? 또 다른 뭐가 될 수 있을까?
3 다른 물건으로도 반복한다.

- **저난도** 시간제한을 두지 않는다.
- **고난도** 빗이나 종이처럼 다른 용도를 찾는 게 까다로운 물건들을 고
  른다.
- **아기를 위한 보너스 활동** 아기에게 구겨진 종이나 플라스틱 컵 같은 물
  건을 주고 탐색하며 놀게 한다.
- **추가로 활용되는 감각** 고유 수용성 감각

무서운 거미줄

  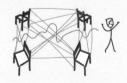

1   2   3

설명 플레이 2 프로그레스 센터의 작은 방 한 곳에는 끈을 잔뜩 걸어 두었다. 겁 없는 아이들이 끈에 엉키지 않으면서 방의 한쪽 구석에서 다른 한쪽 구석으로 움직이는 모습을 볼 수 있다.

- **준비물**   −털실이나 끈
                −튼튼한 의자 4개
- **필요 공간**   넓은 공간
- **필요 시간**   30분 이상
- **놀이 준비**   의자 4개로 한 변이 60~90cm 되는 정사각형을 만든 다음, 털실을 여러 방향으로 감아서 의자들 사이에 거미줄을 친다.

스크린 육아에서 벗어나는 8감 발달 놀이

1 아이가 거미로 변신할 시간이다. 거미줄에 걸리지 않고서 한 쪽에서 다른 한쪽으로 이동해야 한다는 임무를 준다.

2 아이가 거미줄을 위아래, 양옆으로 움직이며 목적지로 향해 간다. 가다가 줄에 걸릴 수도 있다. 만약 줄에 걸리더라도 벗어 날 방법 역시 생각해 보도록 한다.

3 줄에 걸리지 않고 아이가 목적지에 도착하면 축하해 준다.

• **저난도** 거미줄을 단순하게 만든다.

• **고난도** 아이가 직접 거미줄을 만들 수 있을까?

• **추가로 활용되는 감각** 고유 수용성 감각

미로 찾기

1   2   3

설명 옥수수가 없는 옥수수밭 미로를 만들어 보자.

- **준비물**   −마스킹테이프

  −양동이

  −콩주머니

- **필요 공간**   넓은 공간
- **필요 시간**   15~20분
- **놀이 준비**   마스킹테이프를 이용해 바닥에 미로를 만든다. 미로의 도
  착점에는 양동이를, 미로의 출발점에는 콩주머니 1개를 놓
  는다(활동을 반복할 예정이라면 출발점에 콩주머니를 여러 개 놓
  는다).

1 아이에게 테이프를 밟지 말고, 막다른 길을 피해 미로의 도착
점에 도착한 다음, 콩주머니를 양동이에 넣어야 한다는 임무
를 준다.

2 아이가 미로를 통과해서 도착점까지 간다.

3 아이는 다른 콩주머니를 가지러 출발점으로 되돌아갈 수 있
을까?

• **저난도**   미로를 단순하게 만든다.

• **고난도**   아이가 직접 미로를 만들 수 있을까?

• **추가로 활용되는 감각**   시각

훌라후프 허슬

1   2   3

설명 아이가 이 문제를 해결하는 모습이 꽤 흥미로울 것이다. 온 가족이 모인 밤, 다 같이 해보자.

- **준비물** 훌라후프 2개(무거운 훌라후프일수록 좋다. 만약 경주를 한다면 더 많이!)
- **필요 공간** 넓은 공간
- **필요 시간** 15~20분
- **놀이 준비** 출발점과 도착점을 정한다. 마당의 양쪽 끝이면 좋다.

스크린 육아에서 벗어나는 8감 발달 놀이

놀이 방법

1 아이에게 훌라후프 2개를 건넨다.

2 출발점에서 도착점까지 가되, 훌라후프 안에서만 걸을 수 있
   으며 훌라후프를 2개만 사용해야 한다고 알려준다.

3 아이가 임무를 완수하기 위해 앞으로 가는 법을 스스로 알아
   낸다. 부모가 알려주는 건 피한다. 자기 힘으로 알아내도록 시
   간을 준다.

✕ 훌라우프 2개로 길을 만들어 앞으로 가는 법

훌라후프 2개를 바닥에 놓는다. 첫 번째 훌라후프에 들어간 다
음, 두 번째 훌라후프에 들어가고, 뒤로 돌아 첫 번째 훌라후프
를 들어 앞에 놓는다. 이 과정을 반복하며 앞으로 걸어간다.

- 저난도 부모가 시범을 보인다.
- 고난도 경주를 한다. 누가 먼저 도착할까?
- 추가로 활용되는 감각 고유 수용성 감각

위로 위로

1   2   3

설명   '풍선 떨어뜨리지 않기' 놀이의 변형이다. 분필로 바닥에 원을 그려서 운동 계획을 연습하는 데 도움이 되는 활동으로 만들었다.

- **준비물**   –공기를 넣은 풍선

            –분필(실내라면 바닥조명이나 쿠션을 사용한다)

- **필요 공간**   넓은 공간
- **필요 시간**   25~30분
- **놀이 준비**   앞마당에 몇 센티미터 간격으로 큰 동그라미 6~8개를 그린다.

1 아이에게 풍선이 떠 있도록 유지하되, 바닥에 그려진 동그라 미만 밟으며 풍선을 하늘로 쳐야 한다고 알려준다.

2 아이에게 풍선을 던진다. 풍선을 잡는 건 반칙이라고 알려주 며, 손으로는 풍선을 치기만 해야 한다고 말한다.

3 아이는 풍선을 떨어뜨리지 않고 얼마나 버틸 수 있을까?

• **저난도** 동그라미 간의 간격을 좁힌다.

• **고난도** 동그라미를 더 띄엄띄엄 그린다.

• **추가로 활용되는 감각** 시각, 고유 수용성 감각, 전정 감각

실행 감각을 위한 추가 활동

자유 놀이를 할 때 아이는 직접 계획하고 움직인다. 다음 활동을
시도해 보자!

실외 놀이

- 새 놀이터 방문

- 클라이밍

- 요가

- 스포츠

보드게임 및 기타 놀이

- 열린 장난감: 원목 블록, 단순한 봉제 인형, 건전지가 들어가지 않
  는 장난감

- 집 안의 물건으로 놀기

- 판지 상자나 두루마리 휴지심으로 구조물과 조각품 만들기

- 트위스터twister

- 리버 스톤즈river stones

- 예티 인 마이 스파게티yeti in my spaghetti

- 몸으로 말해요

스크린 육아에서 벗어나는 8감 발달 놀이

11장
✕
손 끝에 깃든 힘

소근육

주로 쓰는 손이 명확하지 않은데
양손잡이인 아이를 위한 솔루션

내가 매일 질문을 받는 주제에 관해 이야기해 볼 시간이다. 나는 손과 손가락의 작은 근육을 사용하는 소근육을 발달시킬 활동에 관해 많은 질문을 받는다. 물론 감각 시스템은 소근육 발달에 영향을 미치며, 모든 감각이 견고하게 발달하지 않으면 소근육에도 문제가 생길 수 있다. 지금까지 우리는 주로 8가지 감각에 관해 이야기했다. 걷고, 뛰고, 기어오르는 행동을 하기 위해 근육과 팔을 사용하는 방법을 이야기했다. 한편 소근육은 단추를 끼우거나 붓이나 연필을 올바로 쥐는 것과 같은 움직임의 정확도에 영향을 미친다. 아이들은 매일 옷을 갈아입고, 음식을 먹고, 만들기를 하고, 글씨를 쓰고, 종이를 자르고, 신발 끈을 묶고, 머리를 묶을 때 소근육을 사용한다(머리 묶기를 언급한 건, 머리가 긴 아이가 머리를 잘 묶지 못하면 상당히 괴롭기 때문이다). 소근육에 관해서는 할 말이 많다. 소근육의 기반은 강건한 감각 시스템에 있다. 사실 이 주제만 가지고도 책 한 권은 너끈히 쓰겠지만, 감각에 집중하는 이 책에서는 소근육의 기본에 관해서만 소개하겠다.

소근육 기술은 생애 첫해에 발달하기 시작한다. 아기가 장난감을 잡으려 손을 뻗는 것이 소근육 발달의 시작이다. 엄지와 검지로 시리얼 주각을 집는 건 그다음 단계다. 아이가 몸의 중심선을 넘나들 수 있어야 한다는 이야기도 덧붙이고 싶다. 오른손잡이 아이가 종이 왼쪽 끝에 그림을 그리고 있다면, 중심선을 넘은 것이다. 대부분 아이는 주로 쓰는 손을 타고 나는데, 이는 정상이며 발달에 필수적이기도 하다. 그러나 주로 쓰는 손을 몸 양쪽에서 다 사용할 줄 아는 게 중요하다. 아이가 주로 쓰는 손이 명확하지 않은데 두 손을 바꿔가며 사용하는 건 양손잡이라는 뜻이 아니라 몸의 중심선을 부드럽게 넘지 못한다는 뜻일 때가 많다.

소근육 발달의 다른 면모는 이러하다.

손 안 조작: 다른 손을 사용하지 않고 한 손으로만 작은 물건을 옮기는 기술이다. 손에 쥔 동전들을 돼지저금통에 넣으려면, 아이는 손바닥에 있는 동전을 손끝으로 옮겨 쥐어, 돼지저금통 구멍에 동전을 넣어야 할 것이다. 연필을 쥔 손을 조정하여 연필심을 더 가깝게 잡거나 손가락으로 연필을 돌리거나 연필을 뒤집어 연필 끝에 달린 지우개를 사용하는 동작도 이에 해당한다.

잡기: 도구나 연필을 잡는 것 이상의 의미가 있다. 딸랑이를 잡고 흔드는 것에서 시작해서 연필을 쥐고 글씨 쓰기로 나아가는 이 동작에는 여러 패턴이 있다. 아이는 발달 과정에서 시리얼 집기, 블록 놀이, 유아용 크레용 잡기 등에 숙달할 것이다. 나는 아이가 연필을 꼭 올바로 쥐어야 한다고 고집하는 편은 아니다(나도 잘 못한다). 하지만 아이들이 일상적 과제들을 깔끔하고 참을성 있게, 효율적으로 해내는지는 꼭 확인한다. 아이가 연필을 기술적으로 완벽하게 쥐지 못하더라도 글씨를 잘 쓰고 지치는 기색 없이 꽤 오랫동안 글을 써 나갈 수 있다면, 연필 쥐는 법에 관해 염려하지 않아도 된다.

양측 협응: 두 손을 함께 사용해 과제를 수행하는 능력이다. 종이를 동그랗게 오리고 있는 아이는 주로 쓰는 손으로 가위를 쥐고, 다른 손으로 종이를 쥐고 돌린다.

테이블에 앉아 소근육 기술을 연습하기 전에 아이의 자세가 바른지부터 먼저 점검하자. 자세가 좋지 않으면 몸의 안정을 유지하고 손을 사용하는 게 훨씬 어렵다. 같은 맥락에서 아이가 밥을 유독 지저분하게 먹는다면 앉는 자세를 점검해 보자. 자세를 바꾸면 아이가 식사 도구를 제어하는 게 더 쉬워지는지도 확인해 보자.

11장 손 끝에 깃든 힘

아이의 자세를 바르게 잡아 주는 법

· ·

- 등받이가 달린 안정적인 의자에 앉힌다.

- 엉덩이를 최대한 뒤로 붙여서 상체 전체가 의자 등받이에 닿도록 한다. 이렇게 했을 때 두 발이 바닥에 닿지 않는다면, 발바닥이 바닥에 닿도록 등 뒤에 단단한 쿠션 몇 개를 받쳐 준다. 그렇게 해도 바닥에 발이 닿지 않는다면 발 받침을 사용한다.

- 의자를 책상으로 밀어 준다.

스크린 육아에서 벗어나는 8감 발달 놀이

콩 흔들며 뛰기

설명　집에서 만든 악기로 아이의 상상력을 깨워 보자.

- **준비물**　－빈 물병과 깔때기

　　　　　　－그릇과 숫가락, 조리하지 않은 콩

- **필요 공간**　좁은 공간

- **필요 시간**　10~15분

- **놀이 준비**　물병에 깔때기를 꽂고, 그릇에는 콩을 담는다.

놀이 방법

1　아이가 숟가락으로 콩을 퍼서 깔때기에 넣는다.

2　물병이 콩으로 1/3 정도 차면 뚜껑을 닫고 잠근다.

3　마라카스(흔들어서 소리를 내는 악기)가 완성되었다. 아이에게 가
지고 놀라고 준다. 반주를 깔아주어도 좋다.

- **저난도**　모래 삽이나 국자로 콩을 퍼서 깔때기에 넣는다.

- **고난도**　물병에 깔때기를 꽂지 않고, 숟가락으로 콩을 퍼서 넣는다.

- **추가로 활용되는 감각**　시각, 촉각

달걀판 색깔 맞추기

1 2 3

설명 단순하지만 재미있는 활동이다. 부엌에서 준비물을 찾아서 놀이를 시작해 보자.

- 준비물
  - 작은 집게
  - 색깔 폼폼 또는 색깔이 있는 솜뭉치
  - 다 쓴 달걀판 또는 머핀 틀
  - 폼폼과 같은 색깔의 마커 또는 물감
- 필요 공간 좁은 공간
- 필요 시간 15~20분
- 놀이 준비 달걀판이나 머핀 틀 안쪽을 색칠한다. 머핀 틀에 색을 입히고 싶지 않다면, 종이로 된 머핀 컵 바닥을 칠해서 틀에 끼운다. 칸마다 폼폼과 같은 색으로 칠해야 한다.

1 아이에게 미니 집게를 준다.

2 폼폼 더미를 아이 옆에 놓는다.

3 아이는 집게로 폼폼을 하나씩 집어서 같은 색의 칸에 넣는다.
   모든 색에 대해 똑같이 활동한다.

• **저난도** 집게 대신 손가락을 이용해 집게손 연습을 한다.

• **고난도** 집게 대신 젓가락을 이용한다.

• **아기를 위한 보너스 활동** 집게를 사용하기엔 아직 미숙한 아기라면, 엄
  지와 검지로 폼폼을 잡아서 머핀 틀에 넣게 한다. 색 맞추기 활동은 생
  략한다.

• **추가로 활용되는 감각** 시각

수세미 도장

1   2   3

설명 도장 찍기를 변형한 이 활동을 통해 이름 쓰기 연습을 재미
있게 할 수 있다.

- **준비물**   -수세미
            -물감
            -종이
            -연필
            -접시 혹은 물감 트레이
- **필요 공간** 좁은 공간
- **필요 시간** 15~20분
- **놀이 준비** 큰 종이에 아이 이름을 크게 적는다. 접시에 물감을 짠 다
            음, 수세미를 여러 조각으로 자른다.

스크린 육아에서 벗어나는 8감 발달 놀이

놀이 방법

1 아이가 스펀지 조각을 물감에 적신다.

2 ①에서 만든 물감 도장을 이름 첫 글자에 대고 찍기 시작한다.

3 이름을 다 쓸 때까지 도장을 찍는다.

• **저난도**   아이가 글자를 따라 도장을 찍는 대신, 종이에 큰 도형 몇 개를 그리고 그 안쪽을 도장으로 채운다.

• **고난도**   도장을 찍기 전, 아이가 직접 이름을 쓴다.

• **아기를 위한 보너스 활동**   아기가 반으로 자른 수세미를 들고 물감을 묻혀 종이에 도장을 찍는다. 바닥에 종이를 깔아놓고, 아기가 기저귀만 입은 채 수세미, 물감, 종이를 마음껏 탐색하며 색칠하게 한다.

• **추가로 활용되는 감각**   시각, 촉각

모루와 체

1   2

설명 저녁을 준비하는 동안 아이에게 제공할 수 있는 쉬운 활동
이다.

- 준비물   −모루

           −체

- 필요 공간   좁은 공간

- 필요 시간   5~10분

- 놀이 준비   준비물을 테이블에 놓는다.

놀이 방법

1 아이가 체를 뒤집어서 식탁에 놓는다.
2 아이는 체의 구멍에 모루를 꽂는다.

스크린 육아에서 벗어나는 8감 발달 놀이

- 저난도   구멍이 큰 체를 사용한다. 체를 잘라서 구멍을 더 크게 만들어
  도 좋다.
- 고난도   안대를 쓰고 체에 모루를 넣어 보도록 한다.
- **아기를 위한 보너스 활동**   메이슨 자에 솜뭉치를 넣도록 한다.
- **추가로 활용되는 감각**   시각, 촉각

빨랫줄 놀이

1   2   3   4

설명   인형놀이와 인형 옷을 좋아하는 아이라면 열광할 활동이
다. 인형 옷에 관심이 없다면 종이 동물로 해도 좋다.

- **준비물**   -인형 옷
  -종이 동물(선택사항): 동물 그림을 인쇄해서 자른다. 재사
    용하고 싶으면 그림을 코팅한다.
  -빨래집게
  -털실
  -의자 2개
- **필요 공간**   중간 크기의 공간
- **필요 시간**   20~30분
- **놀이 준비**   의자 2개를 약 1.2m 거리에 놓고 아이의 가슴 높이쯤에 털
  실을 묶어 빨랫줄을 만든다.

스크린 육아에서 벗어나는 8감 발달 놀이

1 아이가 빨래집게와 인형 옷 한 벌을 손에 든다.

2 빨랫줄에 인형 옷을 집게로 건다.

3 옷을 전부 걸 때까지 반복한다.

4 옷을 전부 걷어서 원래 자리에 둔다.

· **저난도**　부모가 빨랫줄에 옷을 걸어 주고, 아이는 빨랫줄에서 옷을 걷

어서 제자리에 두는 역할을 한다.

· **고난도**　미니 빨래집게를 사용한다.

· **추가로 활용되는 감각**　고유 수용성 감각, 시각

면봉 글씨

1   2

설명 소근육을 발달시키기 위해 잡기 연습을 할 때, 면봉은 환상
적인 도구가 되어준다. 붓이 아닌 면봉으로 그림을 그리면
아이들은 더욱 즐거워한다.

· 준비물   -면봉

-물감

-종이(점선이 그려진 큰 손글씨용 종이를 추천)

-물감 트레이

· 필요 공간   좁은 공간

· 필요 시간   25~30분

· 놀이 준비   물감 트레이에 물감을 붓고, 모든 준비물을 테이블에 올려
놓는다.

스크린 육아에서 벗어나는 8감 발달 놀이

1   아이가 면봉을 잡고 물감에 팁을 적신다.

2   아이는 면봉을 붓 삼아 이름을 쓰기나 도형 그리기를 연습한다.

- **저난도**   아이가 스스로 이름을 쓰지 않고, 부모가 종이에 그려 놓은 모양이나 글씨를 따라 그린다.

- **고난도**   부모가 종이에 무한 기호를 그려 두고, 아이가 따라 그린다.

- **추가로 활용되는 감각**   촉각, 시각

스티커 나무

1   2   3

....

설명   아이들은 모든 물건을 (벽조차도) 스티커로 꾸미는 걸 좋아

한다. 그러니 아이들이 좋아하는 스티커로 소근육 기술을

단련시켜 보면 어떨까?

....

- **준비물**   -형형색색의 작은 동그라미 스티커 또는 집에 있는 스티커

            -종이

            -마커

- **필요 공간**   좁은 공간
- **필요 시간**   20~25분
- **놀이 준비**   종이에 나무 기둥과 줄기를 그린 다음, 나뭇가지보다 조금

            큰 동그라미를 여러 개 그린다.

스크린 육아에서 벗어나는 8감 발달 놀이

1 아이에게 준비한 그림을 준다.

2 나뭇가지에 그린 동그라미에 스티커를 붙여서 나뭇잎을 만들
   어 보라고 한다.

3 아이가 모든 동그라미에 스티커를 붙인다. 멋진 나무가 완성
   된다.

· **저난도** 동그라미는 그리지 않고, 아이가 원하는 곳에 어디든 스티커를
  붙이게 하여 나무 그림을 완성한다.

· **고난도** 나무를 그리는 것도 아이가 한다.

· **추가로 활용되는 감각** 시각, 촉각

이런, 후루트링

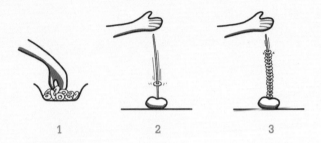

1   2   3

설명   후루트링은 아이들이 이른 나이부터 소근육 기술을 연습할 수 있는 자연스러운 도구로, 먹을 수 있다는 장점도 있다.

- **준비물**   -플레이도
             -후루트링
             -스파게티 건면
             -그릇
- **필요 공간**   좁은 공간
- **필요 시간**   15~20분
- **놀이 준비**   플레이도를 굴려 공 모양으로 만들고 테이블에 고정한다. 플레이도에 스파게티 면 4개를 수직으로 꽂는다. 그릇에는 후루트링을 담는다.

스크린 육아에서 벗어나는 8감 발달 놀이

1 아이가 후루트링을 집어 든다.

2 스파게티 면에 조심스럽게 꽂는다.

3 그릇에 담긴 후루트링을 전부 스파게티 면에 꽂을 때까지 반
  복한다.

- **저난도** 후루트링과 스파게티 대신, 구멍이 뚫린 큰 구슬과 모루를 사
  용한다.

- **고난도** 아이에게 놀이 준비를 시킨다. 스파게티 면을 부러뜨리지 않고
  플레이도에 꽂을 수 있을까? 후루트링을 흘리지 않고 그릇에 부을 수
  있을까?

- **추가로 활용되는 감각** 시각, 고유 수용성 감각, 촉각

구겨진 종이 도장

| 1 | 2 | 3 | 4 | 5 |

설명 집에 있는 물건으로 도장을 만드는 활동은 창의력을 키워준다. 또한 소근육을 많이 사용하는 활동이다.

- **준비물** -종이
  -물감
  -물감 트레이
- **필요 공간** 좁은 공간
- **필요 시간** 20~25분
- **놀이 준비** 물감 트레이에 물감을 짠다.

1 아이가 종이를 다양한 크기로 찢는다.

2 종이를 구겨서 작은 공 모양으로 뭉친다.

3 구겨진 종이 공에 물감을 묻힌다.

4 종이 '도장'을 이용해 질감이 느껴지는 그림을 그린다.

5 다양한 크기의 공에 여러 색깔을 묻혀 도장을 찍다 보면 멋진
추상화가 완성될 것이다.

- **저난도** 종이를 찢는 것은 부모가 한다.
- **고난도** 종이에 도형을 몇 개를 그려주고, 그 안에 도장을 찍게 한다. 선
밖으로는 찍지 않는 연습을 할 수 있다.
- **추가로 활용되는 감각** 촉각

낚시 놀이

설명　물을 좋아하는 물고기 같은 아이를 위해, 욕조에서 할 수 있는 소근육 활동을 소개한다.

- **준비물**　–큰 숟가락

　　　　　–8조각으로 자른 수세미

　　　　　–컵

필요 공간　좁은 공간

필요 시간　15~20분

놀이 준비　수세미 조각들을 물을 채운 욕조에 넣는다.

놀이 방법

1　아이에게 컵과 숟가락을 준다.

2　아이에게 숟가락으로 '물고기'(수세미 조각)를 떠서 컵에 담아 보자고 한다.

- **저난도**　숟가락이 아닌 컵으로 물고기를 잡는다.
- **고난도**　숟가락이 아닌 집게로 물고기를 잡는다.
- **추가로 활용되는 감각**　시각, 촉각

스크린 육아에서 벗어나는 8감 발달 놀이

소근육을 위한 추가 활동

집에 있는 물건으로도 충분히 소근육을 움직이는 활동을 할 수 있다.

실외 및 실내 놀이

- 보도블록이나 앞마당에 분필로 그림 그리기

- 크레용 및 마커로 종이에 색칠하기

- 색칠공부 놀이책

- 요리

- 플레이도 가위 또는 안전가위를 이용해 플레이도 자르기

- 구슬 꿰기

- 식사 도구로 먹기

- 공구 놀이

- 플레이도를 빚고 모양 만들기

- 삽과 양동이 사용하기

보드게임 및 기타 놀이

- 공예

- 라이트 브라이트 lite brite

- 실 꿰기 장난감

- 도토리 찾기 sneaky, snacky squirrel game!

- 퍼펙션 perfection

- 하이 호 체리 오 hi ho! cherry-o

- 미스터 포테이토 헤드 mr. potato head

- 레고

- 디자인 드릴 놀이 design and drill

스크린 육아에서 벗어나는 8감 발달 놀이

무엇보다 아이와 더 끈끈해지길

8가지 감각 시스템을 모두 살펴보았다. 전공서처럼 내용을 깊이 파헤치진 않았지만, 이 책에서 소개하는 기초 지식과 놀이법만으로도 아이의 8가지 감각 기능을 발달시키는 데 충분히 도움 되리라고 확신한다. 나는 부모가 (혹은 선생님이) 아이들의 감각 시스템을 이해하고자 노력한다면, 아이의 행동에 좋은 영향을 줄 뿐만 아니라 아이들이 잘 자라도록 도울 수 있다고, 진심으로 믿는다.

나는 일을 마치고 센터 밖에서 아이들을 만나도, 그 아이들의 감각 시스템이 어떻게 작동하고 있는지 관찰한다. 그리고 아이의 행동에 따라 내 행동과 반응을 어떻게 조절해야 하는지 생각한다. 왜냐하면 행동은 소통의 일종이라서, 아이마다 반응이 다르기 때문이다. 이뿐만 아니다. 아이들의 성향에 어떤 도움을 줘야 할지, 어떤 감각을 발달시켜야 할지, 어떤 양육 방식을 택해야 할지가 모두 달라진다. 여러분이 이 책을 읽고, 세상에 단 하나뿐인 여러분의 아이를 더 깊이 이해하게 되기를 바란다.

무엇보다 양육자로서 여러분이 이것만은 꼭 기억해 주었으면 좋 겠다. 놀아라! 아이와 진짜로 놀아라! 앉은 자리에서 일어나, 8가지 감각을 활용해라. 여러분의 아이를 이웃집 아이와 비교하지 마라. 아이의 손에 현란한 최신 장난감을 쥐여주지 마라. 그 대신, 아이와 함께 물웅덩이에 뛰어들어라. 옷은 빨면 그만이다. 아이와 함께 뒤 뜰을 탐험하고, 산을 오르고, 괴물과 싸우고, 베개로 요새를 만들어 라. 우리가 어린 시절 놀았던 것처럼, 아이를 놀게 해주어라. 그보다 나은 놀이는 이 세상에 없다! 내가 책에서 소개한 감각 활동을 발판 삼아 아이들이 험한 세상을 더 잘 헤쳐 나가도록 도와주기를 바란 다. 그리고 여러분 또한 아이와 놀면서 내면의 아이를 돌보기를 바 란다.

책에서 소개하는 놀이 활동을 하든 여러분이 고안한 놀이 활동을 하든, 아이가 실수하더라도 그 안에서 스스로 배우고 성장할 수 있 도록 도와줘야 한다. 아이를 우리에 가둬서는 안 된다. 아이를 사랑 하되, 놓아줄 줄도 알아야 한다. 아이가 하려는 일이 실패할 것으로 보여도 시도해 보도록 격려해 주어라. 아이가 스스로 겪고 깨달아 가는 과정이 결국 아이에게 성장의 밑거름이 되어줄 것이다.

우리는 모두 다르다. 그러니 아이에게서 별난 점을 발견하더라도 놀라지 말고, 그것을 포용하고 건강하게 성장할 수 있도록 아이를 지원해 주어라. 그리고 무엇보다 가장 중요한 사실을 기억하자. 당신은 누구보다 훌륭한 부모다! 자기 자신을 다른 부모와 비교하며 자책하는 일은 이제 그만하자. 당신이 이 책을 집어 든 것만으로도 당신은 노력하는 부모이며 여기엔 분명 의미가 있다. 당신의 아이는 당신이 부모라서 행운아다. 이 점을 꼭 기억하기 바란다.

무엇보다 아이와 더 끈끈해지길

참고문헌

들어가며

- S. A. Cermack and L. A. Daunhauer, "Sensory Processing in the Postinstitutionalized Child", *The American Journal of Occupational Therapy 51*, no. 7(July– August 1997): 500~507.
- John S. Hutton, et al., "Associations Between Screen-Based Media Use and Brain White Matter Integrity in Preschool-Aged Children", *JAMA Pediatrics 174*, no. 1(2020):e193869, doi:10.1001/ jamapediatrics.2019.3869, https://jamanetwork.com/ journals/jamapediatrics/article-abstract/2754101.

1장

- "Why the First 5 Years of Child Development Are So Important", *Children's Bureau blog*, https://www.all4kids.org/news/blog/why-the-first-5-years-of-child-development-are-so-important/
- A. Jean Ayres, *Sensory Integration and Learning Disorders* (Los Angeles: Western Psychological Services, 1972).
- Kelly Mahler, "What Is Interoception?", https://www.kelly-mahler.com/what-is-interoception(2019.12.28.).
- Anna V. Sosa, "How Does Type of Toy Affect Quantity, Quality of Language in Infant Playtime?", *JAMA Pediatrics*, December 23, 2015, https://media.jamanetwork.com/ news-item/how-does-type-of-toy-affect-quantity-quality-of-language-in-infant-playtime.

5장

- Kate Kelly, "FAQS About Reversing Letters, Writing Letters Backwards, and Dyslexia", https://www.understood.org/en/learning-thinking-differences/child-learning-disabilities/dyslexia/faqs-about-reversing-letters-writing-letters-backwards-and-dyslexia.

6장

- Julie A. Mennella, Coren P. Jagnow, and Gary K. Beauchamp, "Prenatal and Postnatal Flavor Learning by Human Infants", *Pediatrics 107*, no. 6(June 2001): E88, https://www.ncbi.nlm.nih.gov/pmc/articles/PMC1351272.
- Julie A. Mennella, "Ontogeny of Taste Preferences: Basic Biology and Implications for Health", *American Journal of Clinical Nutrition 99*, no. 3(March 2014): 704S~711S,

https://pubmed.ncbi.nlm.nih.gov/24452237.

- Institute for Quality and Efficiency in Health Care, "How Does Our Sense of Taste Work?", National Center for Biotechnology Information, December 20, 2011, https://www.ncbi.nlm.nih.gov/books/NBK279408(2016.8.17.).

- Mariya Voytyuk, "Food Preferences", 2016, https://scholar.googleusercontent.com/scholar?q=cache:tHMNgRpUeAIJ:scholar.google.com/&hl=en&as_sdt=0,5.

7장

- Shota Nishitani, et al., "The Calming Effect of a Maternal Breast Milk Odor on the Human Newborn Infant", *Neuroscience Research 63*, no. 1(2009): 66~71, http://naosite.lb.nagasaki-u.ac.jp/dspace/bitstream/10069/20844/9/NeuRes63_66_text.pdf.

- Colleen Walsh, "What the Nose Knows", *Harvard Gazette*, February 27, 2020, https://news.harvard.edu/gazette/story/2020/02/how-scent-emotion-and-memory-are-intertwined-and-exploited.

- "How Smell Works", Fifth Sense, https://www.fifthsense.org.uk/how-smell-works-2(2020.6.18).

- Jennifer M. Cernoch and Richard H. Porter, "Recognition of Maternal Axillary Odors by Infants", *Child Development 56*, (1985): 1593~1598, http://faculty.weber.edu/eamsel/Classes/Child%203000/Assignments/Assign%201/recognition.pdf.

- "Taste and Smell", in Charles Molnar and Jane Gair, Concepts of Biology: 1st Canadian Edition, 2015, opentextbc.ca/biology/chapter/17-3-taste-and-smell.

- Mass. Eye and Ear Communications, "More Than Taste Buds", Focus (blog), June 11, 2018, https://focus.masseyeandear.org/more-than-taste-buds-how-smell-influences-taste.

8장

- Kristin M. Voegtline, et al., "Near-Term Fetal Response to Maternal Spoken Voice", *Infant Behavior and Development 36*, no. 4(2013): 526~533, https://www.ncbi.nlm.nih.gov/pmc/articles/PMC3858412.

9장

- Michelle Colletti, "The Creation f Emotion: The Journey from Interoception to Embodied Self-Awareness", *Elite Healthcare*, May 8, 2019, https://www.elitecme.com/resource-center/rehabilitation-therapy/the-creation-of-emotionthe-journey-from-interoception-to-embodied-self-awareness.

- Lara aister, Teresa Tang, and Manos Tsakiris, "Neurobehavioral Evidence of Interoceptive Sensitivity in Early Infancy", *eLife*, August 8 2017, https://elifesciences.org/articles/25318.

- ADVANCE taff, "Interoception: The Eighth Sensory System", *Elite Healthcare*, May 27, 2016, https://www.elitecme.com/resource-center/rehabilitation-therapy/interoception-the-eighth-sensory-system

참고문헌

스크린 육아에서 벗어나는
8감 발달 놀이

1판 1쇄 인쇄 2023년 11월 17일
1판 1쇄 발행 2023년 11월 30일

지은이 앨리 티크틴
옮긴이 박다솜

발행인 양원석 **편집장** 박나미 **책임편집** 김율리
디자인 신자용, 김미선 **영업마케팅** 김용환, 이지원, 한혜원, 정다은, 박윤하

펴낸 곳 ㈜알에이치코리아
주소 서울시 금천구 가산디지털2로 53, 20층 (가산동, 한라시그마밸리)
편집문의 02-6443-8862   **도서문의** 02-6443-8800
홈페이지 http://rhk.co.kr
등록 2004년 1월 15일 제2-3726호

ISBN 978-89-255-7568-1 (03590)

※ 이 책은 ㈜알에이치코리아가 저작권자와의 계약에 따라 발행한 것이므로
   본사의 서면 허락 없이는 어떠한 형태나 수단으로도 이 책의 내용을 이용하지 못합니다.
※ 잘못된 책은 구입하신 서점에서 바꾸어 드립니다.
※ 책값은 뒤표지에 있습니다.